青少年探索世界丛书

外星文明的奥秘光临

主编 叶 凡

U0302162

合肥工业大学出版社

图书在版编目(CIP)数据

外星文明的奥秘光临 / 叶凡主编. —合肥:合肥工业大学出版社，2012.12
(青少年探索世界丛书)
ISBN 978-7-5650-1178-8

Ⅰ.①外⋯ Ⅱ.①叶⋯ Ⅲ.①地外生命—青年读物②地外生命—少年读物
Ⅳ.Q693-49

中国版本图书馆 CIP 数据核字(2013)第 005433 号

外星文明的奥秘光临

叶 凡 主编		责任编辑 郝共达
出 版 合肥工业大学出版社		开 本 710mm×1000mm 1/16
地 址 合肥市屯溪路 193 号		印 张 12
邮 编 230009		印 刷 合肥瑞丰印务有限公司
版 次 2012 年 12 月第 1 版		印 次 2022 年 1 月第 2 次印刷

ISBN 978-7-5650-1178-8　　　　　定价：45.00 元

目录

寻找地外生命

　　远离扰乱视线的城市灯火、炫目光辉和黄色烟雾,夏威夷岛上海拔4205 米的冒纳凯阿火山的顶峰直插云霄。因为夏威夷岛被温度变化非常稳定的海洋所包围,所以冒纳凯阿火山的顶峰得以沐浴在清洁、平静、干燥的空气中。对于天文学观测来说这是一个十分理想的环境——至少有一台世界上最好的望远镜架设在这里。

　　其中特别重要的 WM 凯克观测台,它由两台安装了直径达 10 米的巨大反射镜的天文望远镜组成,其中每台都有 8 层楼高、300 吨重。这两台分别于 1993 年和 1996 年安装完成的凯克望远镜一直在帮助主要的行星搜寻者——加利福尼亚大学的保罗·巴特勒和卡内基学会的杰弗里·马西探测太阳系外行星。

　　在过去的 5 年时间里科学家总共发现了大约 40 颗围绕着遥远的恒星旋转的太阳系外行星,其中 25 颗是巴特勒和马西发现的。这些太阳系外行星中的大多数是像木星一样被气体包围着的巨大行星,它们的运行轨道与其中心恒星的距离非常近,而且这些行星太大、太热,就我们所知,任何生命形态都无法在这样的行星上维持生存。但是 2001 年 3 月 29 日,巴特勒和马西报告说他们发现了两颗体积比土星还小的行星——这是朝着发现像地球一样适于居住的太阳系外行星迈出的重要一步。

　　因此,这两位行星搜寻者不仅在天文学界享有很高的声望,而且任何对于"地球是不是宇宙中唯一有生命存在的星球,或者宇宙中是否有

其他的生存形式存在?"这样的问题感兴趣的人都知道他们鼎鼎大名。凭借自己丰富的想像力和不辞辛劳的工作,他们找到了一种方法来确定有可能产生生命的行星的位置,从而将上面提到的这个问题从人们的推测变成了科学。他们的努力已经使人们对于地外生命存在的可通用性产生了很强的信心,以至于一个全新的科学领域天体生物学——研究宇宙生命的科学——迅速发展了起来。

目前,科学家还无法对太阳系外行星进行直接搜寻。恒星发出的光芒使科学家不可能看到任何也许正在围绕它们旋转的天体。巴特勒和马西发明了一种极具独创性的方法——多普勒技术。这种方法的工作原理与多普勒效应(当汽车或火车从你身边经过时它们发出的声波听起来好像一直都在改变频率)的原理一样。

多普勒效应在天文学上的对应现象被称为红移。从 1987 年开始,巴特勒和马西花了 8 年时间全力研究红移现象。他们认为,如果一颗恒星周围存在着一颗围绕它旋转的行星,那么这颗行星的引力就会使恒星出现轻微的"摇摆",就像地球和太阳系中的其他行星使太阳发生摇摆一样。这种摇摆会使恒星的光波在恒星朝向地球和背离地球的摇摆运动过程中在光谱的蓝端与红端之间交替运动。他们认为,如果你可以测量到这种红移—蓝移现象,那么你就可以发现太阳系外行星的存在,而且利用这些数据你甚至可以分析出它们的质量和运行轨道。

但是,这种红移—蓝移现象在穿过遥远的宇宙空间之后会变得非常微小——如果你从 30 光年以外的地方观察太阳,它的周期性摇摆的弧形角的大小将只有七百万分之一度。为了利用多普勒方法对恒星及其行星进行准确的分析,你必须使恒星摇摆速度的测量结果精确到 10 米秒以内。

马西和巴特勒是在 1995 年 12 月 30 日发现第一颗太阳系外行星

的。那时马西已经回到他加利福尼亚伯克利的家中,和他的妻子一起准备新年夜的聚会。巴特勒还在办公室凝视着计算机屏幕上显示的看起来好像是一些随机数据点的东西。他正在寻找一种可以告诉自己他们已经取得了成功的数据点模式——一条将所有的数据点连接到一起的蛇形曲线,就像心脏监护仪示波器上显示的心跳曲线一样。只有这样的曲线才可以证明他们正在寻找的摇摆,进而证明太阳系外行星的存在。

当计算机软件显示出这样一条曲线时,屏幕上的每个数据点都正好位于这条曲线上或者与这条曲线非常接近。计算机屏幕上没有一个远离这条曲线的数据点。这正是巴特勒和马西8年来一直在梦想能够找到的数据点模式。

这些太阳系外行星使天文学界感到震惊并且动摇了所有现存理论的主要原因是它们的运行轨道都呈现出非常明显的椭圆形。太阳系的大多数行星都在沿着近于圆形的轨道运动,当你考虑到行星很可能是在圆形的原行星气体、冰和尘埃组成的盘状物(就像我们在猎户座星云中看到的圆盘一样)中形成的时候,你就会觉得行星沿着圆形的轨道运动是很有道理的。那么太阳系外行星的运动轨道为什么呈现出明显的椭圆形呢?

巴特勒和马西指出,解释这一现象的最佳线索来自彗星。彗星形成时的运行轨道是圆形的,但是如果它们从距离行星很近的地方经过,其运行轨道就会在引力的作用下迅速变成非常明显的椭圆形——这就是为什么我们很少在太阳系内看到它们的原因。

这一理论还可以解释为什么科学家目前发现的太阳系外行星中有许多是被气体包围的巨大行星,而且它们的运行轨道与其中心恒星的距离近得令人难以置信。任何体积与地球相当的行星如果与其中心恒星过于接近都很有可能被其强大的引力甩出该行星系。

巴特勒和马西指出:"我们的银河系中一定存在着数以万亿计体积

与地球相当而且正在四处闲逛的行星——它们是一些无目的地在星际空间中游荡的阴暗的巨型岩石。"他们得出结论认为，太阳系可能是一个比较少见的行星有序排列的例子，八大行星静静地溜到各自的圆形轨道上，而且在这一过程中奇迹般地避免了任何形式的碰撞。

但是，天体生物学家们并不希望听到太阳系可能是一个反常的完美特别的说法。运行轨道呈现明显的椭圆形的行星不可能成为生命的避风港——行星与其中心恒星距离的变化引起的巨大温度波动会敲响代表死亡的丧钟，甚至连最顽强的生物化学分子也无法幸免。同样，这些巨大的被气体包围的行星的运动轨道与其中心恒星的距离如此之近，以至于在某些情况下它们的公转周期只有 3 天，而 1500℃的表面温度对于任何生命来说都实在是太高了。

但是这并不等于说地外生命存在的希望已经完全破灭。为什么只有一些巨大的行星在与其中心恒星距离非常近的轨道运行？到目前为止，科学家们已经发现这可能是因为它们是最容易发现的行星。

这就是为什么人们对于巴特勒和马西发现的两颗比土星还小、围绕鲸鱼座 79(也被称为 HDl6141)和 HD46375(这两颗恒星与地球的距离均为大约 110 光年)运行的行星会感到如此兴奋的原因。

尽管巴特勒和马西认为有许多行星被其所在的行星系甩了出来，但是他们对于适合生命生活的理想行星(被称为"金发女郎"行星)的存在仍然充满了信心。巴特勒指出："银河系中的 2000 亿颗恒星中大约有 10%拥有巨大的、很容易发现的行星。看起来很有可能其余恒星中的大多数周围也有行星存在，但是我们目前还没有掌握探测这些行星的技术。"

在这些统计数字的鼓舞下，美国航天局现在对天体生物学事业充满了信心，以至于它已经建立了一个被称为"起源"的大型研究计划，该

计划在未来的 20 年时间里将把更为精密复杂的天文望远镜送入太空，以便对那些拥有适当的条件、可以维持生命存在的行星直接观测。

科学家对于生命存在到底需要哪些条件仍然争论不休。因为目前我们对于可以维护生命存在的行星只掌握着唯一的一个例子——我们自己的地球——所以我们几

寻找外星人
Searching for Intelligent Alien Life

乎没有办法知道答案。巴特勒指出："(宇宙其他地方的)生命很可能必须建立在碳和水的基础上。不然的话，我们所有的推测就都会失去依据。"因此，一颗"金发女郎"行星的运行轨道必须是圆形的，而且它与其中心恒星的距离应该为大约一个天文单位，这颗行星的表面温度必须使水可以以液态形式存在。

哥白尼、牛顿和开普勒等天文学家通过计算行星围绕太阳运动的规律改变了我们对于自己在宇宙中位置的看法。而这些行星搜寻者通过发现宇宙中其他的行星正在造成同样的影响。他们发现类似地球的天体以及我们最终确定地球生命是否是宇宙中唯一的生命形态只是个时间问题。

来自太空的信号

　　地球人是一种勤于追求、勇于探索的智慧精灵,似乎没什么疑难能吓倒他们。正是由于这种精神,他们在探索太空奥秘方面也取得了长足的进步。

　　到目前为止,尽管飞碟之争还没有定论,然而众多的科学家仍坚持茫茫宇宙必然有与我们相似的智能生命存在这一观点。寻找外星人,并与他们建立联系,以便共同建立宇宙间智能生命的文明社会,众多科学家视这一目标为己任,并为之付出了辛勤的努力和汗水。

　　在其他星球上真的有智能生命存在吗?地球人类如何能发现他们并与他们取得联系呢?唯一的办法就是"拉长"我们的目光,扩大我们的听力,换句话说,就是要利用不断更新的天文望远镜,观察目所能及范围内的生命踪迹;借助灵敏和高功率的无线电接收机,设法收到地球以外智能生命向我们传递的信息。

　　可以想象,如果天外真有智能生命的话,他们也必然和我们一样,会想方设法与外界同类取得联系,其最好的联系媒介就是无线电波了。事实上,种种迹象表明,宇宙间的确存在着这种电波,他们早就设法与我们取得联系了。早在 1930 年,欧洲的科学家就发现了一个奇怪的现象——他们发出一串信号以后,总会收到两个回音。一个回音按正常规律返回,即绕地球一周 8 秒钟后返回。另一个回音却是在 3~4 秒钟后就返回了,仿佛它们是被地球轨道上某个物体反射回来的。难道在地球轨

道上还有一位来自外层空间的天外来客?科学家们愕然了。

几年以后,一位名叫邓肯·卢南的苏格兰天文学家提出了一种解释证明了这一点。他认为,那些反常的回音是由一个位于地球轨道上的宇宙飞船发出的。这个飞船位于地球和月亮之间。邓肯·卢南说,回音是飞船上的智能生命发射的信号。他还将他的研究结果公之于世。他利用电视显示的办法,将接收到的信号画了 6 个图案,表明它们均属同一星系的不同侧面,一颗恒星总是处于图案中心。这 6 个图案代表从 6 个角度看牧夫星座,中间的恒星即牧夫星座 3 星。科学家们都知道,牧夫星座 3 星距地球有 103 光年。

邓肯·卢南的发现得到不少天文学家的支持。发现公布之后,舆论一片哗然,地球人感到汗颜了,原来天外文明社会早就注意我们了!

更有一件令人难以置信的事在等着我们去思考。

1953 年到 1957 年将近 5 年的时间里,法国国家空间研究中心研究部主任莫里斯·阿雷发现,地下实验室的观察仪发生了奇异的偏差。设在巴黎市郊的这个地下实验室,利用一只重 7500 克的钟对地球引力作长期观察。这个钟由一根长 83 厘米的金属棒支持,底座重 4500 克,总重量为 12 千克。因为钟摆的摆动平面对地球表面来说处于转动状态,所以这种转动和理论计算中的转动之间的变异,可以反映出地球的运动。

1954 年 6 月 30 日中午正值日食,莫里斯·阿雷更是格外注意钟摆的运动。日食发生时,他惊讶地发现钟摆的摆动平面移动了 15 度。这一现象一直持续到日食结束。这种情况过去从未发生,后来也没出现过。当时科学界对此作出的种种解释都站不住脚。

30 年以后,一位科学家提出了一个大胆而又新颖的解释:1954 年6 月 30 日发生的物理异常现象是来自宇宙空间的一个智能信号。他的

推理是这样的:外星人一定了解引力的奥秘,他们很可能掌握左右引力的方法,用它来推进飞碟,飞碟才具有地球人不可思议的种种奇妙本领。假如外星人决定利用引力来引起我们注意的话,最佳选择便是利用日食之际,干扰地球上天文学家的观察。日食发生时所出现的奇异的物理现象就是外星人利用引力搞的恶作剧。

事实不仅仅如此,俄国天文学家对射电星 CTA—102 的研究又为我们提供了新的发现。1964 年秋天,俄国天文学家宣布,CTA—102 的发射能量突然增加,他们有可能收到天外文明世界的信号。1965 年 4 月 13 日,俄国天文学家罗米茨基在莫斯科施滕贝格研究所宣布:"1964 年 9 月底和 10 月初,CTA—102 的发射能量与往常比较变得非常强,但只是短时间的,之后它又消失。我们将这一情况记录下来,继续等待。年底,发射源的强度突然重新增大,它正好在第一次记录后 100 天达到第二次峰值。"

此间荷兰天文学家马滕·施密特经过详细的测量得出结论,CTA—102 射电星距离地球有 100 亿光年。这就是说,无线电射束要真正来自智能生物,那它一定是 100 亿年前发射出来的。科学家们更加茫然了,因为 100 亿年以前,我们的地球根本不存在。难道天外文明世界 100 亿年前就存在了?

宇宙太浩瀚了,更有千奇百怪的疑团充斥着这个浩瀚的宇宙。人们要探索的奥秘太多了,而我们所能了解的事实又实在太少了。

外星人提取地球土壤样本之谜

曾经在俄罗斯南方斯塔弗罗波尔一个名字叫做乌斯诺叶的小村庄里出现过这样一个奇迹:仅仅过了一个晚上,田野里突然出现了几个大大的圆圈,当地居民立刻向政府报告,请官员们记录下这个奇怪的现象;因为据田地的主人说,这些大圆圈是用庄稼做的,但是他附近的庄稼一点也没有遭到破坏。

地方官员立刻亲自带了测量人员前来调查,结果发现,一共有 4 个大圆圈:当中一个最大,直径 20 米,其他几个直径 5~7 米。科学家们对此进行了调查分析,认为这 4 个大圆圈好像是用手画出来的,而且都是顺时针方向。地方安全部门也派了专家赶到现场,他们经过仔细检查,没有发现任何化学物质和放射性物质,因此不大可能是人类所为。与此同时,邻近村庄有些目击者说,他们曾经看到这个村庄的上空出现不明飞行物。

因此,科学家和安全部门官员初步认为,这是外星人的杰出作品:可能是外星人来开玩笑,也可能是他们到田野里获取庄稼样本。当地安全机构负责人华西里说:"很明显,这不是地球上的人干的,是我们不知道的客人来登陆了,前后一共只在几秒钟发生的事。"俄罗斯电视台播音员也向观众们介绍摄有几个大圆圈的照片,并且解释说,这有可能是外星人来提取土壤的样本。更加使人不可思议的是,在那个最大的圆圈里,有着 20 厘米深的圆柱形大洞穴,而且围着油漆过的墙壁。当地农民还感觉到很惊讶:外星人为什么要来提取我们的土壤样本?

外星人来自何方

UFO 来自何方是一个大家最关注的问题。人们对 UFO 的来源作了种种推测。我国和西方各国均有人研究所谓的 UFO 基地(即母星和活动地点)问题。虽说法不一,但归纳起来可分成两大类:一类是宇宙基地说,另一类是地球基地说。

(1)宇宙基地说

不少 UFO 研究者认为,UFO 来自外太空 (即来自银河系或其他星系)。它们是由若干艘庞大的宇宙飞船——UFO 母舰——运到太阳系附近,在那里自成基地或寻找某个星球建立基地,然后再被释放出来,列队或单独进入地球空间。这些 UFO 有时无乘员驾驶,受母舰遥控;有时由类人生命体或机器人控制。据推测,UFO 可能在太阳系的金星、火星或其他行星或其卫星上建立了"中继站",也可能在月球上中途歇脚或作永久性驻地。

(2)地球基地说

美、英、法、日等国的 UFO 研究者中,不少人认为 UFO 并非来自外太空,其基地就在地球上。持此种观点的人又分 3 类:

①海底基地说:加拿大的让·帕拉尚等人首先提出这种假说。他们经过调查研究,认为一万或几万年前,大西洋上原先有个高度文明的大西国(在大西洲上),后来因发生战争或洪水或星球撞击,使大西国沉沦洋底,大西国人(即玛雅人)随之转入洋底生活,在那里建立永久的基地。

但有时也乘 UFO 冒出海面,遨游空间。帕拉尚等人还用此观点来解释百慕大三角的神秘事件和 UFO 经常出没这片海域的奇异现象。

②南极基地说:在 UFO 研究者中少数人认为,飞碟可能是德国纳粹的秘密武器。UFO 专家安东尼奥·里维拉就曾这样认为。他经过调查得知,第二次世界大战末期,德国人设计出了几个飞碟,其中几架很可能被纳粹用潜艇运到南美和南极。南美洲,特别是阿根廷、巴西的 UFO 现象十分频繁,这一现象似乎足以证明这个假说。因此,一些人便推断南极存在着 UFO 基地。后来的资料表明,二战时,德国确实研制过飞碟,战败时将飞碟和工厂炸毁,人员流散在美国等地。尽管如此,这种地球人造飞碟绝不能包括所有的飞碟。

③地内基地说:以德国 UFO 专家威廉·哈德森为代表提出,UFO 是地球上一种高等智慧生物的乘具,这种智能生物长期以来居住在地球深处,在那里发展了一个地下文明;他们不习惯在地球表面的空气中生活,因而需乘特殊飞行器才能外出,进入空间。他们的出口往往建在深山峡谷之中,或荒无人烟的大沙漠深处。也有人认为,地层的裂缝是它们的天然出口,非洲大峡谷地带是 UFO 案例多发区正好支持了这种假说。

另外,美国一飞行员在对北极进行考察飞行时曾见过绿洲和洞口,并飞入亮如白昼的洞内。如果此事确凿,这是支持 UFO 地内说的最好案例。因此,裂缝处或洞穴处往往是 UFO 现象的高发地区。有人还指出了地内文明人出入地球的出入口位置。

另外,法国的 UFO 专家亨利·迪朗经过调查后提出,浩瀚的沙漠地带可能是飞碟的活动地。因此认为我国西北新疆群山与沙漠以及蒙古人民共和国的首都乌兰巴托南边是戈壁大沙漠,这里发生过多起奇异的事件,其东北面是雅布洛诺夫山脉。在该市与大山脉之间有五个荒凉的沙漠区域,四周有陡峭的山崖的保护。从中国和前苏联西伯利亚得到

的目击报告表明,飞碟的飞行路线经过这一无人区域。这一点同一些探索者的观点相吻合,这些探索者指出,这个地区和戈壁沙漠可能是外星人的基地……他们认为:"俄国人炸毁了位于蒙古北部的一个秘密的飞碟基地。这个基地由一些隧道和金字塔形的建筑物组成。"这种结构与在月球上发现的结构极其相似。

我国也有人提出戈壁中可能是UFO基地的推测。并有许多事实(包括人员失踪事件和UFO跟踪民航飞机的案例以及1993年秋中英考察队路经塔克拉玛干大沙漠时遇到飞碟)都说明UFO确实在新疆戈壁滩出没和活动。

为什么UFO选择沙漠作为活动基地呢?

①如同地球人类向月球发射载人飞船选择月面沙地和回收飞行器选择月海作为软着陆场地一样。同样,外星人要在地球上着陆,采集标本或进行研究,戈壁滩沙漠可以说是他们选中的好地方。

②据美国的专家埃梅·米歇尔分析,外星人驾飞碟有避免同地球人发生第三类接触(即近距接触)的倾向。如果此结论成立,那么人烟稀少、人迹罕至的浩瀚戈壁沙漠理所当然地是他们在地球上活动的好场所。在那里不易被人发现。

③在地球上,沙漠是陆地面积的重要的一部分,外星人研究地球,沙漠自然就是不可缺少的部分。有名的戈壁沙漠大多群山环抱、地域辽阔、地形复杂、气候多变,地下还有丰富的石油等矿藏,是一个不可多得的综合研究对象。从近几年来的UFO案例来看,UFO起初多在偏僻处活动,尽量少与人类接触。凤凰山奇案说明飞碟也喜欢深山老林的奇异地带,经过考核,凤凰山一带和大兴安岭、西伯利亚很可能有飞碟基地。

近来UFO却频频出现在大城市、军事要地和核基地,似乎也不那么怕与地球人正面接触。可见外星人在考察地球的过程中也有一个从陌生到熟悉的过程,从避免接触到逐渐增加接触的过程。

善恶难定的外星人

一提到外星人，人们立即联想到这样一群"人"：矮矮的身材、圆圆的脑袋、瘦瘦的四肢、鼓鼓的眼睛……而与外星人的模样同时出现的，是一种神秘的飞行器——飞碟！

1947年6月24日，美国爱达荷州消防器材公司的老板肯尼思·阿鲁德驾驶着自己的飞机飞往华盛顿。然而，正当他飞越雷尼尔山峰(海拔4391米)时，忽然发现远处有9个白色的圆形物体，排成一串快速飞过。阿鲁德后来向人们这样描述，它们似乎是"连接在一起，闪电般地从群山中疾驰而过，就像抛出的碟子掠过水面一样"。据他估计，这些奇怪的飞行物当时距他不到10公里，直径大约有30米，飞行时速至少达2000公里以上。

第二天，这一消息便由各家通讯社传遍了整个世界，记者们最后统一使用"飞碟"一词来称呼那些神秘的飞行物。不久，世界各地也纷纷发表消息，报道当地居民曾见过类似的飞行物的情景，一时间飞碟造访地球的消息被炒得沸沸扬扬。

在此后的60多年里，世界各地都有人报告说看见过飞碟(UFO)的踪影，中国也不例外。

1995年10月4日，中国东北地区上空4架战斗训练机的驾驶员同时报称，在天空同一位置发现一个不明飞行物体，直径10米左右，呈白色椭圆形，外面还有雾状光晕。

1997年10月12日，北京郊区先后9次发现天空有发光的螺旋状不明飞行物，呈淡黄色，并带有扇形光环。

1997年12月23日，广州又发现一状似碟形的发光物体，由暨南大学上空向五山地区迅速移动，持续飘行十几分钟才消失。当时华南理工大学一名建筑工程系男生称，他开始以为天空飘飞的白色飞行物是圣诞灯饰，后用望远镜观看，发现该物体外形呈扁平椭圆，通体透明并发着白光。

飞碟当然不仅仅在中国出现过，在世界各地也都多次出现。但令人遗憾的是，迄今为止还没有哪个国家"生擒"过一只飞碟，倒是时有听说地球人被飞碟绑架的消息。例如，40多年前《巴黎时报》就报道过一则外星人绑架地球人的消息。

1967年8月29日，法国康塔尔省克萨客高原。在这片迷人的高原牧场上，有个名为克萨客的小镇。上午10时30分左右，在一块绿茵茵的牧场上，十几头奶牛正悠然地吃着青草。看守奶牛的是13岁的弗朗索瓦·德伯什，他9岁的妹妹安娜·玛丽则在一旁尽情地玩耍，一条小狗在他俩脚下来回跑动。

忽然，玛丽指着半空向哥哥惊叫："喂！你看，那边飞着什么东西？"

德伯什顺着她指的方向抬头望去，不由惊呆了：半空中竟有一只圆形怪物在盘旋，并且一点一点地向他们靠近。那怪物的形状极像一个巨大的面包，只是上面还发出耀眼的白光，并伴有刺耳的尖啸声。

"哟，好大的气球！"玛丽禁不住高兴地叫起来。

"危险！快跑！"眼看着那不明飞行物迅速向头顶砸来，德伯什一把拉过妹妹就往家里跑去，但玛丽没跑几步便重重地摔倒在地上。德伯什也顾不上那么多，一个人急忙跑到一棵大树背后，探出半个脑袋察看动静。

只见那怪物下面伸出3条腿(实际上是支架)，稳稳地停在草地上(那

儿离玛丽只有几十米),随即一阵灼人的热风直扑而来。

那怪物的上方开了一道门,3名浑身发黑的矮人从里面跳了出来,举着蹼足慢步走到玛丽面前,把手中的一面"镜子"对准玛丽照了一会儿,只见玛丽的身体被吸了起来,很快便掉入了怪物的门里。1分钟后,随着一阵刺耳的尖叫,怪物垂直弹上天空,很快不见了踪影,地面上只留下几个很深的坑。

当德伯什从极度恐惧中回过神来,哭着赶回去把这一切告诉父母时,父母竟怎么也不相信这是事实。玛丽的家人希望有一天玛丽能回来。然而,40多年过去了,却一直没有玛丽的半点消息。

外星人如何看待地球人

地球在茫茫宇宙中就像砂粒一般渺小。但是,这样一个小的球体竟引起 UFO 如此浓厚的兴趣,世界飞碟学者们在纳闷之余,对此提出了种种推测和假设。美国著名飞碟作家基荷少校认为,UFO 的出现不是凶兆,他列举美国军界负责人提供的理由说,UFO 监视地球,不会向地球人发动进攻,原因是:

①UFO 对地球进行过广泛的监视,并未公开表示过恶意,这说明天外来客有一个更为庞大的计划,他们需要同地球人友好接触,在此之前,必须有一个较长的适应阶段。

②地球周围出现的 UFO 数量不多,尚不足以大举入侵地球,大部分 UFO 仅仅是观测飞行器,它们的航速很容易甩开追捕它们的喷气式飞机。

③地球人并非赤手空拳,我们有为数众多的导弹,可以追击高空的飞船。

④大量实例证明,UFO 努力避免同地球人发生冲突。个别伤人事件应当被看作是意外的事故。总的来讲,如果外星人真的存在,那么可以想象这些智慧生物对我们可能持三种态度,我们也可以相应地确定对他们采取什么态度,并且决定回不回答他们的来电。

第一种是抱有关心、相互可以理解的态度。换句话说,外星人关心我们,对我们有好感,这是最理想不过的。外星人可以向我们提供相当

尖端、相当珍贵的科学、技术、艺术以及其他各类情报,提醒我们不要走弯路。例如让我们注意将来的某种科学的发展方向;千万不要做导致恶化环境、灭绝人类的事情。不过,这种态度虽然十分理想,但也有一定的局限性。比方说,我们能从他人的失败中吸收多大教训?肿瘤只有长在自己身上,才能懂得它的痛楚。没有不带刺的玫瑰,前进道路过于平坦,可能会减弱我们对生命、知识和艺术的追求。人们常说兔子的健跑,是为了逃避追赶它的恶狼;促使我们人类不断前进的就是"困难"。

第二种态度是外星人理解我们,但不表示关心,换句话说,他们对我们怀有好意,却不帮助我们什么。尽管这种态度令人不快,可能性却很大。如果外星人的文明远远超过了我们地球人几千年或者更长的时间,恐怕他们将会用怀疑的目光观察我们,就像我们以同样的目光看蚂蚁是否有智能一样。是啊,我们又能向蚂蚁教授什么、警告什么呢?

第三种态度是表示关心,但不理解我们的心情。也就是说,他们之所以对我们感兴趣,只不过是出于实用的观点,比如想尝尝地球上的美味佳肴。

当然,还有一种,也就是既不感兴趣,又不理解的态度。不过,这种态度可能性很小,因为果真这样,几千年来,飞碟、外星人就不会频频光临地球了。

以上三种态度分别是:怀有好意,但没啥意思;令人不快,却没有什么危险;虽然有些危险,但对我们关心。

为了扩大我们的知识面,必须克服厌倦、愤怒和惧怕心理。若分析这三种心理,克服第一种心理恐怕十分困难;克服第二种心理有相当的困难;最难办的是克服第三种心理,因为必须加以克服的这种恐怖,还不知道它是从哪里来的。这里,让我们详细分析一下这三种态度。

首先,如果地球外的文明天体的技术水平足以发现我们的话,我们

再躲藏也没有用,这并不是主要的问题。人们认为扩大"合作范围"是发展自己的关键,并为此而不断地努力;人们也体会到井中之蛙最终是没有前途的,所以他们多方努力,开阔眼界。这个合作范围早晚要扩展到宇宙规模,或许现在就已经提到日程上来了。地球人遇见的外星人越是和地球人极端不同,这种接触就越是有益,越能促进地球人思想的发展。

和地外文明交换了电讯以后,地球人很可能和高度发达的生物相遇。而且这种相遇有助于我们了解自己在宇宙现状、宇宙进行阶段中所占有的位置。衡量事物的尺度不同,得出的结论也仍然不同,地球人很多现实的考虑都是适应日常的尺度或历史的尺度的。看来,地球人应该把它转换为宇宙的尺度,否则将会成为蠢人。

这是了解宇宙的一个有利因素,它会开阔地球人观察事物的眼界。如同上面提到的,在进化过程中,更有必要从更高的角度观察地球所占据的位置。地球人是在一定社会条件下的、生物的、宇宙进化的产物。宇宙进行的无机阶段已经按照发展规律到达生物学阶段;而生物学阶段又进而达到了社会阶段。尽管地球人不清楚今后将会怎样发展,但是,认为已经到了最后的阶段,显然是幼稚的。从理论上说,宇宙进行可以包括很多阶段,认为达到我们人类的进行阶段已是最高发展阶段的想法,未免过于可笑。

地球人无疑是首先要寻求保存自己的。同样,恐龙也寻求过保存它们自身。如果恐龙得以保存下来,人类大概就不会存在了。宇宙的进行没有把恐龙作为发展的顶点而永远停滞在恐龙阶段,这正是大自然的贤明。

逃避是无益的。高度发达的地外文明,只要下决心和地球人接触,躲也躲不过去,不如因势利导,从他们那儿学习更多必需的、重要的知识。并且通过他们,地球人才能知道自身进步发展的道路还十分漫长遥远。历史长河赋予地球人的工作时间还绰绰有余,地球人不但没有全部

揭示进化的社会阶段中的许多奥秘,而且还有着相当遥远的距离。除此以外,包括某些充满自信的发现在内,都还掺杂有很多推测的成分。

那么,果真能和外星人达到相互理解的地步吗?确实,就地球人目前的状态,做到相互理解是十分困难的。有着诸如社会的、人种的、年龄的大大小小五花八门的障碍。尽管这样,人类还是越来越求大同,寻求和平与相互理解。人类和其他外星文明相遇,意识到自己在宇宙中的地位,说不定会加速人类社会的大发展呢!正因为这样,地球人才有必要不畏风险,和外星人进行接触。

人类和外星人

其实,尽管外星人曾出现过类似伤害人类的事件,但比较而言,真正伤害了人类的飞碟却是极少的。因此,科学家也劝告人们,见到飞碟后不要以武器还击。

1957年7月24日,前苏联一群"米格—16"战斗机正在千岛群岛的炮兵基地上空进行战斗演习。突然,一个三角形飞行物向机群飞来,在离机群300米的地方骤然紧急刹住,静静悬在了空中,令几名目击此景的飞行员瞠目结舌。地面指挥部急忙命令:立即远离危险区! 说时迟那时快,三角形怪物掉转屁股,对着机群便喷出一条巨大的火舌,离它最近的一架飞机顿时起火,飞行员急忙跳伞,其余几架飞机赶紧向四面飞开。

"立即以炮火还击!"地面指挥官一声令下,全岛所有的炮火一起对准飞行物,射出一发发愤怒的炮弹。但竟没有一发击中目标! 只见飞行物以极快的速度飞离炮火袭击区,几秒钟之内便在人们的视线中消失了。俄罗斯人忍不住哀叹,人类现阶段的武器远不能与UFO抗衡。

尽管从上述这件小事中我们可看出,外星人同地球人已有过不少接触,但人类却很少有机会亲眼目睹外星人与飞碟的真实模样。倒是美国中央情报局透露出来的一份绝密文件,提到了60多年前一件鲜为人知的飞碟遇难事件,令人大开眼界。

1948年3月25日上午8点左右,一个银光闪闪的圆盘形飞碟突然出现在美国新墨西哥州的奥德克市上空。令人奇怪的是,它在空中剧烈

抖动几下后，一头扎向了东北方向。但在当时，附近的地面雷达却莫名其妙地全部失灵，捕捉不到任何信息。

消息迅速传到美国当时的国务卿马尔萨勒将军那里，他立即组织了一个行动小组，主要任务是秘密回收该飞碟，并将其运往专门机构进行研究。

几个小时后，行动小组在奥德克市东北找到了目标，一个直径30多米的银白色金属圆盘半倾斜地躺在地上。

随同而来的几名科学家对飞碟外壳采用各种方法进行了研究，得到的是一个惊人的结论：飞碟外壳是用一种地球上无法达到的高熔点轻金属制成，它虽轻如泡沫，却坚如钻石，并能耐受1万度以上的高温。接着，科学家们又对飞碟形体进行了研究：这是一个平心轮式的飞碟，由许多大小金属环依次相连而成。上面找不到一颗铆钉或螺丝，甚至连一点焊接过的痕迹也没有。而在地球人类当时的条件下，根本无法制造出这种奇特的飞行器。

行动小组费了好大工夫才找到飞碟的舱窗，他们用随身带的大威力步枪射了十几枪，才把一个窗户打出了一个小洞，里面顿时冒出了一股难闻的气体。又费了很大劲后，一个可容人体进出的洞才被弄开，两名科学家戴着防毒面具爬了进去。他们把里面的一排排闪光按钮按了半天，才找到了暗门开关，入口才被打开。

在飞碟内部，人们看到了一个自动驾驶仪，它由许多精密部件组成，与主体紧紧相连。他们在飞碟上还找到了一本"书"，它是由像牛皮纸一样坚硬的类似塑料的书页制成，书中印着许多离奇古怪的文字，很像梵文，但没人看得懂。

尤其令科学家们欣喜不已的是，飞碟内竟有14具穿着"皮衣"的外星人的尸体！这些外星人身高在90~110厘米之间，体重都在18公斤左

21

右。其面部特征极像蒙古族人，长着一个与瘦小身体极不相称的大脑壳，鼻子与嘴巴很小，蓝色的眼睛却睁得很大，有点"死不瞑目"的架势。他们的颈部很细，四肢瘦长，脚上和手上都长着类似鸭脚一样的蹼。在后来的生理解剖中还发现，这些外星人根本没有消化系统，没有胃和肠道，没有直肠和肛门，甚至也没有发现生殖器官。

接着，在进一步解剖研究中，科学家们惊讶地发现，外星人具有比地球人更为发达的淋巴系统；而且，他们的细胞重量小得惊人，比地球人小了几倍以上。通过这一切，科学家们认为过去的遗传学理论将面临一场新的挑战。

直到今天，这些外星人的尸体一直被秘密保存在某科学研究所，尸体被浸泡在福尔马林药液中防腐，但几天后便已完全变成了白色，这是因为外星人的机体内缺乏我们地球人体内所特有的色素粒，其血液是不含血红素的无色液体。由于美国政府对保存外星人尸体之事秘而不宣，因而，人们对外星人是否真的造访过地球众说纷纭。

外星人不愿与地球人直接交往

在宇宙、生物和文明的演化过程中,主要经历了下述几个步骤:宇宙混沌形态—非生物形态—有生命形态—智能形态。我们称这一过程为形态长链。而生命形态和智能形态的连接点或关键环节是人脑。人脑不同于普通生物的脑,就在于它已由低级阶段进化到高级阶段。大脑具有巨大的存储容量,在灵魂(或说精神)的支配下脑是完成智能生物思维、意识的有力工具。人的遗传因子 DNA 携带了人的自我体能、自我意识能力高低等信息,以完成完善的自我延续和复制。然而,在这一长链的演化过程中,当智慧还没有达到一定高度时,还无法抗拒自然灾变对演化长链进展的威胁。比如今天的地球人无法抗拒天灾、地震等自然灾变,所以容易使演化中断。而当智慧达到极高级程度,那么它们就能抗拒自然灾变,使演化长链继续下去,使文明保持下去。比如外星人,有的就已演化到超智慧生物阶段,他们的大脑十分发达,因此完全可以抗拒各类自然灾变,可以进行星际旅行,可以实现星际移民等。但要想使大脑演化加快,只靠自然演化不行,还必须施加人工外部激化,从而实现进入人工演化阶段,这样才能大幅度提高智慧和智能。

由于上述理论,地球人与外星人目前尚处于两个不同的演化阶段,即存在着智能差异,这样他们之间就存在着思维鸿沟和联系障碍。换言之,即不同文明之间存在着交换信息鸿沟。这就如同地球人与猴子之间存在着鸿沟一样,人要想与猴子交流思想很困难,驯猴人也难免要进行

一系列诱导和示范。目前来造访地球的外星人可以理解人的行为和思维,但人是无法理解外星人的思维和行为的,就像人可以理解猴子的行为,但猴子很难理解人的行为和思维一样,这就是动物心理障碍或称思维鸿沟。这两者接轨十分困难。如此说来,外星人不愿与地球人直接接触和往来便是情理之中的事。那么外星人既然来访地球,那么他们有何考虑呢?我们可做如下设想:

1.他们主要是来采集地球植物、地理岩石等标本,抓获动物和人类进行生理解剖试验和医学遗传等研究。一句话,探测和了解地球及生物圈。

2.外星人可能怕泄漏他们的先进科学技术,因为他们了解地球人目前的思想素质,怕地球人一旦掌握了他们的先进技术会用于军事,会造成战争或对外星人自身构成威胁。

3.外星人对地球人进行善意的诱导。先进的科技和超智能的演化不能包办,通过外星人的行为、UFO先进科技等对地球人进行"开化"引导,刺激我们的思维像老师教导孩子一样的用心,以促进地球人的人工演化进程,尽早达到高智能和超智慧阶段,如果如此,可谓外星人用心良苦。只就UFO这一课题的研究,就足以开化地球人的思维和开发地球人的智力了。

4."地球是一类动物保护区"。对于外星人来讲,称地球人为"一类动物"并不过头。就像地球人保护大熊猫的用心一样。来自遥远宇宙一角的外星人,看到地球这块宝地天蓝水碧,地灵人杰,物产丰富,确是一块风水宝地。然而,目前地球生态环境被破坏,灾害不断,尘烟滚滚,疾病多发,为了不使地球人受到干扰或灭绝,他们如同保护"一类动物"一样将地球人划为宇宙保护区,严加管理和保护。但这些"管理员"并不经常与被保护者接触交往,抓获和邀请地球人上飞碟只是好奇、实验和属于例外的活动。

5.对地球怀霸占侵略野心,现在只是侦察。这种可能性不是没有,既然是侦察兵,自然就不愿直接接触地球人了。

来自火星的外星人

　　美国俄亥俄州的弗兰克林住着一位离婚的女性，芭芭拉·乌莫斯(47岁)。1981年2月15日夜半之时，突然卧室里多了一道强烈的光芒，她大吃一惊，从床上下来，奔到了窗前，想看一下究竟发生了什么事情。

　　就在窗外，一个圆盘形的发光体浮在半空中，没有声音。当她看到这些的一瞬间，便不知发生了什么事情……

　　不知过了多久，她仿佛从梦中醒来：眼前的 UFO 不见了，发现自己莫名其妙地站在窗口前，看了下钟表，已经是深夜3时15分。大约有1小时15分钟的"时间和记忆"失落了。后来芭芭拉接受了催眠实验。催眠实验是在新西纳琪市心理治疗医学学者罗拔特·休纳特和纽约市的一家研究组织，还有 UFO 科学调查局的协助下进行的。

　　芭芭拉的"绑架体验"被唤醒以后，她的回忆是：在飞碟内部，从透明圆顶的天花板上有一道光柱笔直地照耀在床上。里面的生物身高两米左右，身穿紧身的灰色金属制服，从头到肩膀穿戴着一个头盔。开口的地方是像猫一样的嘴巴，黄色的。

　　他们通过神经感应的方法，告诉她："我们来自火星，请别害怕，我们绝不会伤害你的。"反反复复地跟她沟通。然后从一个箱型的盒子里伸出了两根探针，自动地从芭芭拉的头部开始移动到她的指甲上，可是一点也没碰到皮肤。

　　芭芭拉在半年后又一次遇上了"绑架"，她有两次"绑架体验"。后一

次是她在住所附近的高速公路上驾车行驶时，突然遇上了一道银白色的光芒，后来她在车子被强制地拉上空中，有两个小时的记忆"失落"。她被带进了一个实验室模样的地方，坐在一个大椅子上，对她进行"身体检查"的生物模样与前一次都一样，服装也相同。没有戴头盔，脸露出在外面。黄色的眼睛，此外没有耳朵，鼻子长而细，下巴很尖，嘴唇一点血色都没有。

芭芭拉现在还相信那些外星人将来还要"绑架"她，这话听上去有些可笑，简直毫无根据，真是地道的无稽之谈，可后来发生的事实却证明她的感觉没错。

他，来自火星

外星人与地球人的孩子

这是一个令人难以置信的事件。

事情发生在 1979 年 6 月 18 日早上 3 时左右。安东尼·卡尔罗斯·费莱拉(25 岁),他是一家家具工厂的警卫,那天回家后,在门口看见 UFO 从空中慢慢降落,而且有三个小人从里面走了出来。他们的头非常大,眼睛也很大,嘴巴薄薄的;鼻子细细的,有耳朵。从头到身上都裹着紧身衣服,左胸口上有个"圆十字"的纹章。右胸前背着个小箱子,背上背个大箱子。从小箱子里放射出一道红光,使他麻醉,然后被拉进了 UFO,当他被运进这个巨大的"母舰"中后,他便失去了意识。

在失去了两个多小时的"记忆"后,当意识恢复时,他已经在自己的家门口,可是左边的手腕上有烧伤的痕迹,右边的手腕上则有静脉注射的痕迹。身体的表面特别是背心上有黑色的斑点。警察到现场检查,也发现地上留下一片圆形的烧焦痕迹,附近的铁篱笆留下强烈的磁性。正在安东尼被带走的那段时间里,附近邻居听到了"奇怪的声音",也证明在那段时间里电视频道发生了混乱。同时还有人报告说,"从远处看见有一个巨大的火球从现场方向徐徐降落"。

于是,UFO 专家特地来到巴西,他们是内科医生瓦尔特·布拉博士和奈伊·马歇尔·毕莱斯教授,通过催眠方法,终于获知了"绑架体验"的内容,令人吃惊的是那是一次"性实验"的绑架。

很遗憾,安东尼这次的对象不是一个漂亮的女人,而是非常难看的

女人,身高 1.5 米,照例全裸体,肌肤的颜色跟安东尼一样,茶黑色,可上面长满的毛却是红颜色的。头长得极不符合比例,过于大;一双黑眼睛吊起来似的,鼻子细长,薄薄嘴唇大大嘴,白牙齿,胸很小,身体冷冰冰,最令人受不了的是口臭得厉害。

安东尼拼命抵抗,里面的小人把他按住,衣服全给剥光。右边手腕上注射了什么东西,左边手腕上则给套上一个黄色的装置,浑身上下包括性器官都给涂上了一层油,估计是类似春药 (催淫剂)的东西。最后,安东尼处于模模糊糊的状态,不得不就范了。那个女的始终没开口,只听得周围的小人用"心理感应"的方法跟他说:"请别害怕,我们不会加害于你的。你会平安无事回到地球上去的。我们是从别的星球上来的。"过了一会儿,又说道:"这次实验,我们是来采取你孩子的种子,以便今后实验需要。不管怎样,我们会把孩子带来让你看的。"

果然外星人非常守约,安东尼在后来的三年,从 1982 年到 1983 年期间,先后 7 次同 UFO"接触",其中两次照例是"绑架体验",进去后接受"身体检查",但他也看到了他的孩子,被称为"安东尼之子"的婴儿。

不过,安东尼的这些经验的"记忆"还是失落了。1983 年超心理学家阿尔巴罗·费尔罗南廷斯用一种新开发出来的"催眠法",对他进行了催眠,那些记忆才陆陆续续地浮出意识表面。根据他本人的说法,1982 年 12 月 30 日半夜中,他看见 3 个小人的那一次,小人身上背着一个发光的圆筒形的物体,发射出一道绿色的光芒,打在他的左胸口上,他当场昏倒。那胸口上留下一个"圆十字"形的痕迹同外星人的纹章完全一样,直到今天都没有消去。根据专家的说法,这个标记是不是作为"自己人"的符号,故意留下以便将来外星人"辨认"的呢?看来安东尼已经被外星人认作"亲戚",怪不得他去了 UFO 有 7 次之多,毕竟他为外星人生了孩子。

外星人替身

有关外星人替身的说法，专家一致认为，他们属于某种同人类相近的生物改造而成，或者属于模拟人体制造的生物机器人或被改造了身体的外星人。

他们有超常的能力，更能适应非同寻常的宇宙航行以及各种不同星球的生活环境，他们是受外星基地、外星母船或母星所遥控的。

外国有的人自称是火星人，有的说是金星人，甚至有的说自己来自于昴宿星团等等……都说明外星人替身的说法是千真万确的，只因地球人文化落后，尚未达到认识的地步。外星人将地球人的躯体留下，换上外星人的神经、大脑和思维，和地球人生活在一起，但为外星人服务。

外星人利用生物遗传工程或人工合成地球人的机体外壳，安装上外星人的大脑、神经、思维，制造一种地球人的躯体、外星人头脑的族类。用思维信息波，担负着外星人特殊的使命。

很多迹象表明，他们这样做，不单纯是为了便于考察活动，还有不为人知的企图和目的……

有的目击者在被飞碟外星人绑架后，许多年还说心中闪现着过去的生活情景，还有一些人发现自己在过去的生活是外星人。

而这种再生的概念，总是和接触飞碟外星人并存，可见他们之间确实存在着一种不为人知的边缘关系。

实际上他们都是受控于外星人的，在很多绑架的事件中，有的就属

于他们的替身。在地球人听来,可能感到很惊奇,但他的存在是肯定无疑的。许多专家学者,都做了不同程度的论述,并且提出了更确切的、富有说服力的证据。

外星人将自己丑陋难堪的外形,改造成和地球人相同的模样,主要的目的,可能是为了便于考察。探索地球,研究地球上的人类……这样才不会引起地球人的反目与惊恐,有利于他们宇宙考察的工作。由此看来,外星人在宇宙考察、探险中,付出了多大的代价呀! 不过我们完全相信在那样先进文明的国度里,回到本国后他们还会恢复本来的面目。

有人推测到 22 世纪有可能组合成特定遗传结构的复制密码,将其发送至遥控的宇宙星球上去, 在新的星球上复制发展成新的人类种族;在入境的 108 种外星人当中,有的外星人就属此类。

其实宇宙外星人早就实现了这个目标, 而且有的外星人根本就不是胎生,有的纯属是人工合成的族类,在飞碟、外星人案例中已经得到证实,如秘鲁外星人替身鲁卡特。1973 年 2 月,秘鲁的库斯科镇有一位叫鲁卡特的人,一天他把十几位好友邀到自己经营的餐馆里,告诉他们一件令人震惊的事情!

原来鲁卡特是 a6 号星上的外星人,在 20 年前 a6 号星上的飞碟,带走了一个秘鲁人,把他的内脏器官装到鲁卡特的身上,作为替身,派到地球上来,以便考察地球。

他用传感信息,将地球上的研究资料和一切信息发送给 a6 号星飞来的飞碟。在古巴、日本,这样的人,也有发现。

美国好莱坞曾来过一位外星人替身。美国在拍摄反映宇宙太空战争的影片招聘特技演员时,其中一位神奇的应聘者,在试镜头时,他神秘地按一下自备的微型传真机键盘,顿时摄影棚里显示出繁星点点,一艘巨型的太空飞船与太空宇宙人迎面而来,屏面上的外星人显示出绿色的面

孔,数不清的牙齿和面部的皱纹,甚至体内流动的液体依稀可见,有人认为,他是一位外星人的替身。

　警方对他很恐惧,于是将他拘捕关押起来,顿时好莱坞所有的制片地区,都突然像地震一样晃动起来,人们惊恐万状。

　有悟性灵感的导演,发现这是奇人魔力造成的,当他来到监狱看他的时候,应聘的奇才早已消失,不知去向……

外星人给人类"洗脑"

美国不明飞行物共同组织类人生命研究组有一份报告记载着世界各地著名的劫持事件,共 166 起。

这些事件的 10% 与不明飞行物直接有关。该研究组的一位负责人是戴维·韦布,他是位物理学家,他在谈到这类劫持事件的某些特点时说:

"不明飞行物乘员会在飞行物内对被劫持人进行医学检查,他们往往使被检查的人身患健忘症, 他们在劫持者与被劫持者之间进行着一种难以理解的联系,使被劫持者全身瘫痪。"

从地理角度来看,拥有可靠证据的劫持事件的半数发生在美国,其次是巴西(20%)和阿根廷(6%)。在这些事件中,除了几起分别发生在 1915 年、1912 年和 1942 年外,其他的事件都发生于现代,即 1947 年之后。从 1965 年起,这类事件奇怪地增多了。美国不明飞行物共同组织收集到的案例,都发生在 1970 年至 1975 年。这 5 年当中共 80 多起,占总数的 53%。

但是,令人更加感到震惊的,是这类已知的事件仅仅是劫持事件中的一小部分。

那么,为什么许多劫持事件没有被披露出来呢?一个重要的原因是,大多数被劫持的人(人们通常称他们为"被接触者")事后都回忆不起自己的那段不平常的遭遇了。当这些人能够神志清醒地回忆起自己曾经看到过一个不明飞行物时,他们头脑中的"劫持情节"却奇怪地总是处于一种下意识的状态, 即他们总依稀觉得劫持的情节好像故意从他们

头脑中消失掉了似的。他们所能记起的和意识到的,只是无法解释的时间上的"漏洞",即有几分钟或几天时间,他们也不知道自己待在了什么地方。著名的特拉维斯·沃尔顿劫持案发生于1975年11月5日美国亚利桑那州的希伯,在这次事件中,被劫持者失踪了5天。

随着时间的推移,一些"被接触者"往往在突然清醒或梦幻中想起了自己遭遇中的某些情节。当这些人意识到自己的确与非地球人"接触"过并因此在精神上受到创伤时,他们中的大多数人都会马上去找心理学家或不明飞行物学家。然而,也有不少人对自己奇怪的经历守口如瓶。他们或是由于害怕,或是由于无动于衷,即他们不想让别人仔细地分析一下自己所经历的时间"漏洞"到底是怎么回事。

科学家们认为,这些人的健忘症是由于某种形式的洗脑引起的。因此,人们可以采用医学催眠术来使这些人回忆起以前发生的事情,这种方法叫做"时间倒退法"。在大多数情况下,用这种方法都会获得令人满意的效果。目前,学者们在调查劫持事件时,一般都要对"被接触者"进行催眠术(除去卡斯蒂略和安东尼奥这仅有的少数例外)。哈德博士经常使用这种方法,他是用催眠术来调查不明飞行物劫持事件的前驱,也是有幸于1968年7月在美国科学与宇宙航行学委员会上阐述不明飞行物问题的6名科学家之一。

此外,美国怀俄明大学(拉腊米)的心理学副教授利奥·斯普林科尔博士也是位著名的使用催眠术来研究这类劫持事件的学者,这位学者曾调查过不明飞行物史上两起重大的劫持事件:一起是赫布·沙尔默警官事件(1967年12月3日发生在美国内布拉斯加的阿希兰),另一起是猎人卡尔·希格登事件(1974年10月发生在美国怀俄明州的罗林斯)。斯普林科尔博士曾率领一支由私人与官方资助的调查组对以上两案进行了调查。从1962年起,这位博士成为康登委员会的空中现象研究会研究员。

哈德博士和斯普林科尔博士认为，使用催眠术的时间倒退法是最有效的方法，是目前唤起被抑制的记忆和证明目击者报告真实性最为可靠的方法。哈德博士在谈到使用催眠术来获得准确的信息可能会遇到的困难时说：

"首先，许多曾见到过不明飞行物乘员的人会忘记自己的那段经历。有时，一种不真实的回忆会取代真实的回忆。例如，一位接受催眠术的人说，有人曾指给他看动力装置，对他说这个装置是靠'锂晶体'来转动的。当时，我马上想到这种解释与电视片《星牛》中的情节相同。我们没有任何理由认为，锂晶体会在真正的不明飞行物的发动系统中起作用……但是，如果几位接受催眠术的目击者回忆起来的情节都一样的话，我们就应当认真对待了。因为处于催眠术状态的目击者的心理是不可能欺骗得了反询问的……我不相信，在催眠状态下，我所怀疑的撒谎的人能欺骗我。"

哈德博士不认为被劫持的人都是些具有专门特长的人，他说：

"看来，各个民族和各个人种都有'被接触者'……然而，一般地说，被劫持者的智能要比普通人略微强一些。根据我个人的经验，这些人似乎都比大多数人更'通灵'。"

至于那些出现在地球人面前的非地球人的态度，差别很大。这位博士说：

有些人态度很友好，像是在帮助人；另一些则冷冰冰的，态度冷淡。

可以说，除了个别的事件外，这些来自另一个星球的客人并不凶残粗暴或咄咄逼人。

那么，这些类人生命体将地球人劫持到不明飞行物上后，为什么要对他们进行各种各样的医学检查呢？对这个问题，有些学者认为，不明飞行物乘员中这种可疑的"诊断"行为是极令人费解的。但他们认为，对这

类事件进行研究是我们研究人类及其环境不可缺少的一部分。

类人生命体的这些怪异的行动，不禁使我们想到了我们地球人为监视正在消亡的生命体的运动和行为所制订的"预防"计划。我们是否可以认为，不明飞行物把我们地球人看成了银河系中受到威胁的人类？

然而，这些类人生命体对被劫持者进行身体检查使之丧失记忆的事实(同样除去卡斯蒂略和安东尼奥)，使另一些研究人员倾向于这种观点，即也许在劫持的后面隐藏着更加险恶的阴谋吧。这些研究人员的论据是：①被劫持者被类人生命体抽了血 (一般都是抽淋巴液和关节的血)；②一些奇怪的物质被注射进被劫持者的静脉之中。

持这种"险恶阴谋"理论最有名的学者是约翰·A·基尔。他在自己的论述中写道：

"如果不明飞行物乘员对我们淋巴系统和人体的其他保护组织感兴趣的话，我们对出现在夜空中的奇异光芒感到忐忑不安是完全有理由的。"

基尔甚至认为，有些"被接触者"也许被类人生命体用外科手术改变了性格。他写道：

"我们知道，洗脑技术在同不明飞行物乘员接触的事件中是占有重要地位的。我们还知道，许多目击者能清楚地回忆起深深印刻在自己脑海中的伪造的情节，这显然是这些乘员想把事实真相掩盖起来，这的确是很可怕的。目前，世界各地的研究人员收集到的大量证据说明，许多目击者的性格突然发生了变化，他们的生活方式也发生了变化。这些行为上的骤变清楚地说明，被接触者的大脑被施以了某种形式的大手术。"

在这个问题上，人们不能排除这样一种可能性：这些行为变化属于正常的心理变化，而这些心理变化又是由对生活意义的新解释和领悟到地外生命的真实性引起的。

外星人的生物试验

1981年8月8日约18点30分,在海尔半岛夏鲁皮村,RK先生从海滨向一个野营帐篷走去,他走了一段路后,突然发现两个小伙子站在小道上,正看着他。

这两个人长得很奇怪:身高1.5米左右,穿着绿衣服,脸也是绿的,两只大大的杏核眼;没有鼻子,但在鼻子的位置上有一些小肿块般的东西;在嘴的部位,没有嘴唇,只有一条小小的缝儿;腹部髋部的地方好像有一层薄雾遮挡着。他们的腰带上,挂着黑金属盒。有紫色和黑色电线从黑盒里通出来。在离这两个人不远处,还有一个银灰色的飞行器。

RK先生觉得脑子里接收到一个他们发出来的心灵感应信号,意思是:别害怕,请走过来! 这两个怪人走出小道,让开路,让RK先生从他们身边走过,RK先生觉得从他们身边走过时,感到自己是从一个球里穿过似的,并不断接受到直接的心灵感应信号。过了一会儿,RK先生回头一看,他们已无影无踪。

奇怪的是,RK先生到朋友的野营帐篷只需几分钟,而他竟多走了15分钟。这15分钟是否就是在飞碟中走掉了呢?而他对这15分钟的事一点儿也想不起来了。

巴西科学家狄米路对新闻界声称,他在亚马孙河流域的森林里发现了600多名被UFO(不明飞行物)绑架而神秘失踪了多年的人。这可是一件震惊世界的发现。

这些受害者是生活在地球上各个角落的人，最小的只有 6 岁，最老的是 85 岁。他们的身体看来还健康，但其中数十人的额上，留有被外星人做医学实验时切开的痕迹。他们经历了最可怖的外太空接触，被捉去做奴隶，接受医学实验，或者被当作动物关在笼子里展出。至于绑架他们的外星人是什么模样，他们只字不敢透露。

这是实事，还是天方夜谭？

高度发达的外星球，需要"笨手笨脚"的地球人去做苦力吗？外星人为什么不把他们送回家里而送到南美原始森林，却又不加看管呢？如果为了保密，消息灵通的外星人怎么不趁人类把他们转移时进行拦截呢？

当然外星人的试验对象不仅仅是人，还有牲畜等等。

在美国的蒙大拿州和卡斯凯德郡等地，曾经发生了骇人听闻的牛群大屠杀。有 6000 头以上的牛群被抽光了血液，眼耳口鼻和生殖器被切割了。

可是，令人百思不得其解的是，这些牛尸的切口，不是人力所及的，纵使法医也无法确定凶手所使用的凶器及方法。不仅如此，连死因也无从确认。牛尸附近没有任何可疑的足迹，也没有轮辙，附近牧场里的人也没有听到任何声响。牛尸上没有伤口的血迹，周围也没有牛挣扎的迹象。

更令人担忧的是在牛尸的地面上，有一片片焦黑的土地，像是被某种放射性物质烧过，另外又发现类似飞碟降落的痕迹。在直径大约四米的圆形中有两层圈圈，像是飞碟的支柱留下的。

对于这种前所未闻的屠杀牛群的手段，当地人认为是外星人在进行生物试验，害怕下一次会轮到试验自己，因此人心惶惶。这究竟是怎么回事，至今也还是个谜。

外星人植入人体的是什么

1995 年 8 月 19 日,美国加利福尼亚的卡玛里罗医院进行了一次史无前例的外科手术,医生们首次实施了对据说是外星人植入人体内的物体的切除手术。

第一例手术有两个病人,一男一女,他们自述有被外星人劫持的经历。X 光检查发现,他们的身体内多了一些物体,手术一共取出 3 件,女性的脚趾中取出 2 件,男性的手上取出 1 件。这 3 件物体呈 T 形状,用金属材料制成,被一层黑灰色的光亮薄膜包裹着,但薄膜无论如何都切不开。而且这些物体一旦被触摸,病人就会有强烈的反应,尤其是在局部麻醉后,病人的反应更为激烈。手术后一个星期,病人甚至比手术时更痛苦。

1996 年 5 月 18 日,外科医生又对 2 位女病人和 1 位男病人进行了手术,X 光观察到男病人的左下颌有一个金属体,而 2 位女病人的腿部都有一个小的不透明的放射性物体。手术中医生取出了一个由一层暗灰色的薄膜包裹着的很小的三角形金属物体以及两个灰白色小球。分析表明,灰白色小球含有多种复合元素,而人体的皮肤并不含有这些元素。

到目前为止,这样的手术已经进行了 7 例。前 3 例取出的 T 形物体,水平部分的一端有一个像钓鱼钩的倒钩,另一端是圆的,中间呈锯齿状使垂直部分完全嵌入。最有趣的是垂直部分被一些晶体缠绕着。后 3 例发现病人患部的皮肤曾完全暴露在紫外线的照射下导致皮肤受损,

但没有一个病人承认曾受到过大量阳光照射，而且如果做过日光浴，为什么只有4到5平方厘米大的皮肤受损呢？而且这些受损皮肤的形状与以前在被外星人劫持者身上发现的铲形标记十分相似。另外，上述6例的切除物有一个共同点，在紫外线下会发出荧光。

随后，洛斯·亚拉莫斯国家实验室和新墨西哥工学院先后对这些切除物进行了分析测试，1996年9月，国家科学发现研究所公布了测试结果，发现T形切除物含有铁芯，并含有11种不同的元素；测试认为切除物和陨石很相像，它们的镍铁比率很相近(大多数陨石都含有6%到10%的镍)。

目前，已经有许多人对研究或猜测这些切除物的作用表示了极大的兴趣。有些人认为，它们是一种追踪装置或者是异频雷达收发器，外星人把它们植入地球人的身体内，可以在地球的任何角落立即找到他们的"臣民"。另一些人认为，这些物体可能是行为控制装置，外星人利用它们对人类的行为进行控制和支配，这似乎可以解释被外星人劫持者为什么会有某些冲动行为。一些科学家更是大胆地设想，这些物体可能是一种监视人体内遗传变化或地球污染程度的装置，这与我们监视太空宇航员的方法很相似，也许外星人对我们人类的遗传基因研究后，再实施改造计划或下一步行动？

瓦朗索尔事件发生在1965年7月1日星期四清晨。那时，太阳已经升起，晴空万里，风和日丽。一位名叫英里斯·M的农场主，他家世世代代住在瓦朗索尔。这位41岁的诚实者在瓦朗索尔镇开了一家薰衣草香精提炼厂。

事情从5时45分开始，M先生听到从薰衣草地传来一阵尖利的好像是钢锯在锯金属时发出的嗞嗞声。几分钟前，M先生还耕过这块地。这时，他正在乱石堆后面休息，他的拖拉机就停在乱石堆附近，正当他掏出香烟准备点火时，这奇怪的声音吸引了他的注意力。他透过灌木林屏障向薰衣草地看去，发现80米以外的地方停着一个东西：一开始，他以为是一架直升机，随即又以为那是一辆雷诺汽车公司出产的多菲纳牌轿车。因为那物体没有旋翼，呈圆形，大小同多菲纳牌轿车差不多。M先生觉得奇怪并怀疑起来，这车上的人是否就是头几天夜里折枝偷花的小偷呢？他没有点烟就站起身，猫着腰悄悄地朝"多菲纳"靠拢过去，他要出奇制胜，当场捕获那些小偷。当他走到薰衣草草地边的灌木林时，他已经看得十分清楚了。这时，他发现那东西根本不是汽车，也不是直升机，而是一个形状古怪的椭圆物，它像一只巨大的蜘蛛趴在地里，圆球底下有两个人蹲着。在好奇心的驱使下，M战胜了畏惧，穿过灌木林，进入了他的薰衣草地。此时，那个东西离他已只有几十米远，他看到那两个人很矮小，正面对面地蹲在那里，看上去他们似乎是在草地上观察一棵薰衣草。随着渐渐地靠近，M越来越清醒地看到了他们的外部特征：他们的脑袋奇大，脸形也同普通人完全不一样，这时他已明白他们不是地球人，这形状古怪的椭圆物也可能是来自外部世界的飞行器。当M先生离飞行器只有5至6米远的时候，对着他的那个矮人看见了他（或者说，他假装只是此刻才看见了他）。那矮人好像向背朝M的那个飞碟乘员做了个手势，因为第二个矮人也转过身来，两个人同时站了起

来,与此同时,那第一个矮人的右手从右侧一个盒子里取出一根管子对准 M。

从这个时候起,M 先生顿时感到自己"瘫了",想动也动弹不得。然而,他又感到自己并没有麻木,心里也不紧张。他看到那个矮人将自己定身之后,就把管状物放入挎在左侧的第二个较小的盒子里。两个矮人站在原地"讨论"了几分钟。M 只听到一阵咕噜声,但不知道这声音是否是从矮人那像个小洞一样的嘴里发出来的。他们的眼睛动了几下,神态高傲,但不怀恶意。恰恰相反,M 隐约感到他们对他"和蔼可亲",怀有好意,不过,事后他说不清自己是怎样产生这种感觉的。不一会儿,他们十分敏捷地靠两只手飞入了飞行器中,球体上的门是滑动的,开在侧面。能自动地由下而上关闭,飞行器顶部有一个圆盖,看上去十分透明,进入座舱后,两位矮人面朝 M 先生。飞行器发出了一阵低沉的声音,响了几秒钟就停止了,飞行器浮起 1 米,一根垂直的中心轴慢慢地从土壤中拔出,这是一根固定在飞碟底部的外表像金属的支柱,当飞行器着陆时,它插入土中,飞行器缓慢起飞了,6 根侧面的撑脚也离开了地面,开始环绕中心轴顺时针方向旋转。既没有烟,也没有飞扬的尘土。飞行物骤然加快速度,沿斜线朝西南方向腾空而去,它的飞行速度惊人,比喷气式飞机要快不知多少倍。M 呆立着,看到飞行物飞了约 30 米,突然不知去向。他不理解那东西为什么不是慢慢消失,而是像屏幕上的图像一样突然隐没,这时,整个天空什么也没有,再也不见飞行器的影踪。

在"瘫痪"状态下失去了任何恐惧心理的 M 先生意识到"他们"已经远去,这时他顿时产生了一种有生以来最强烈的不安情绪,他仍然被固定在原地,欲动不得,欲呼无力。他感觉自己似乎会这样死在地里。据 M 先生说,大约一刻钟或 20 分钟或半小时后,他渐渐开始可以活动两只手了,接着四肢和躯体也能动了。顿时感到十分轻松的 M 先生走过去察

看了地上的痕迹，然后回到乱石堆附近的拖拉机旁。

根据 M 先生的说法，飞碟着陆的地方在飞碟离去时是湿漉漉的，一片泥泞，中心轴着地的那个点有个洞。第二天，宪兵来到了现场，在着陆地果然发现有个洞。土壤已经变白，且十分坚硬(但没有玻璃化)。而这块地的其他地方，土壤是赭石色的 (在旱天或雨天)，那里或是一片干地面，或是松软泥泞。地面上有个直径为 1.20 米的盆状凹面，中心部位有个圆洞。洞壁光滑，四周匀称。像是钻头钻出来的，这个洞的直径为 18 厘米，约深 40 厘米。一位马诺斯克镇的小学教员说，他是首批来到现场观察的人中间的一个，当时他看到这个圆筒形的洞底还有 3 个小洞，分别相隔 12 厘米，斜着向 3 个方向延伸出去。《空中现象》杂志在 1966 年 3 月号上提到了这位小学教员，并描绘了 3 个小洞的分布与深度。宪兵们说，他们看到地面上有四道浅沟，都从中间那个小洞向外辐射，形成一个十字形，这几道浅沟宽 8 厘米、长 1 米。

美国空中现象研究会的调查员在飞碟着陆事件后赶到了现场，他们在着陆点以及 20 米到 30 米以外的地区取了样土在实验室里进行化学分析。着陆点变白了的土壤的含钙量明显地比别地要高(占 18%)。可惜的是，化验报告没有明确指出，这钙处于什么状态，很可能是已经电离了的钙(处于可溶盐状态)。

埃梅·米歇尔是事隔一个月后才到着陆地来的。M 先生当时指给他和宪兵们看，飞碟起飞的航线是斜的，顺着这条航线的地面上，薰衣草虽没被烧枯，但都已被焙烤得发黄(从着陆点往外算，被焙烤发黄的共 39 行薰衣草，每行间隔 1.30 米)。比埃梅·米歇尔晚到现场的法官肖塔尔说，他所见到的薰衣草已经"返绿"，甚至比周围的薰衣草长得更高更壮实。但是，这些薰衣草上仍留有不少枯萎了的枝叶。

飞碟飞走后，目击者精神上受到了极大的震动。但在头 3 天内，他

并没有感到任何不适之处。只是,从第4天起,他一直处于沉睡之中,如果妻子和父亲不叫他起来吃饭的话,他一天24小时都可以熟睡。他的睡意很浓,而且有一种"痛快"的感觉。与此同时,M先生得了轻微的精神运动性紊乱,他的手不自觉地轻轻颤抖着。当埃梅·米歇尔于8月7日来到瓦朗索尔调查的时候,M先生每天仍要睡14至15个小时,他的双手仍然有轻微的颤抖现象。除上述异常外,目击者"身体状况良好",他的嗜好睡眠症状一直延续了好几个月,后来才恢复了正常。

在目击飞碟着陆事件以前,M先生的品行是一直受人夸奖的。瓦朗索尔镇的每一个人都认为他是一个简朴稳重的人,他性格开朗,从不闹事。他在家里和睦生活,在薰衣草香精提炼厂也不跟人闹矛盾。他不爱花钱。他从来没有犯过神经抑郁症,也没发生过精神方面的紊乱现象。这些情况,在这个2000人的镇子里是尽人皆知、有口皆碑的。

外星人部落

　　有这样一件令人感到十分惊讶的事情。在非洲的撒哈拉沙漠以南的贫困落后的马里共和国境内,有一个黑人部落——多贡部落。他们竟知道天狼星里有一个用肉眼看不见的伙伴, 他们甚至可以很准确地画出它的椭圆形轨道来。他们还说,还有一颗天狼星C,虽然我们现代观测仪器还未发现它。

　　天狼星是个一等亮度的星,它离地球非常遥远。自 1962 年以来,人们用天文望远镜观察到,天狼星是一个三元系,它还有一个伴星天狼星B。天狼星 B 是由密度很大的物质构成的。在多贡部落,只有部落里的教士和熟悉天狼星祭礼秘密的人才知道这些。这个秘密是加拉曼特人告诉多贡人的。而我们则对加拉曼特人一无所知。

　　多贡人知道天狼星 B 绕天狼星 A 公转的周期是 50 年,这与事实是相符的。

　　难道说,外星人是从天狼星上来的?他们在人类中留下了这条线索,使人类永远记着?

外星人绑架地球人

尽管我们无法推测外星人访问地球的真正目的是什么，但外星人的确给曾接触过他们的地球人带来许多的烦恼和痛苦。不少与外星人接触过的人都把这段接触时间称作被绑架。

据一位研究外星人的荷兰科学家史信尔博士说，每年地球上有上万人神秘地失踪，这些人大都被外星人掳掠而去。

巴西科学家卡罗斯·狄米路博士曾向新闻界宣布，他在巴西亚马孙河发现600名曾被外星人绑架的男女。他说，他在进行科学考察时，在巴西与玻利维亚边界以北的森林里，发现聚居的一群人，他们都有与外星人接触的遭遇。

据其自述，他们是被外星人用飞碟劫走而被带到另一个星球去的，在那里，他们有的被当作奴隶，成天做苦工；有的被视为怪物，有数十人身上仍留着伤痕；还有专门负责收听发自地球的无线电信号。当问及外星人特征以及外星球的情况时，他们都缄默不语，据说，外星人警告过：如泄漏半句，便有杀身之祸。

1975年1月5日午前3时，南美洲阿根廷拜亚布兰加市一名男子从餐厅走出来，他名叫卡罗斯·阿尔贝特·狄亚斯(28岁)，在这家餐厅当侍者，从晚上8时工作到翌晨3时，当天有个慈善团体举办宴会，刚刚才把工作忙完。他有一妻一子，虽然年纪还轻，但收入不错，家庭也很美满。狄亚斯提着装侍者服装的手提包，腋下夹着刚买的报纸，像往常一

样搭乘巴士回家,大约午前 3 时 30 分在住家附近的站牌下车。附近漆黑,他快步走回家。

当他走到距家大约 50 米处,突然有一道闪光照亮周围。狄亚斯最先以为是闪电,但光线却一直没有消失,而且久久没有雷声响起。狄亚斯心觉诧异便停下来,环顾四周,这一看不得了,狄亚斯发现有一道圆筒状的光宛如笼罩他一般由上方垂直照射下来!

狄亚斯惊不可遏,想拔腿逃回家,但全身宛如中了定身符一般,僵硬无法动弹。这时他听见一阵蜜蜂般的嗡嗡声,而他的身体便开始向上浮起来。

狄亚斯吓得想尖叫,但不知为什么却叫不出声音。他只记得被吸离地面 50 厘米,以后他便不省人事了……

狄亚斯醒过来时,一丝不挂仰面躺在床上,那种床有点像医院的手术台。

——那是一间奇怪的房间,呈半球形的,好像倒过来的碗,墙壁是半透明的……好像是塑胶的,室内直径 2.5 米,高约 3 米,但没有家具,也没有照明器具、机械装置。但室内却一片通明,是的,墙壁好像散发淡淡的光线……地板有一些孔,也许空气就从那儿流进来的……"这是什么地方?"

狄亚斯整理朦胧的记忆,追忆了好一会才想起他刚才快到家时所发生的可怕遭遇。

"是的,我被那个光筒掳来这儿!"

他感到激烈的恐惧与不安,吓得全身直发抖,然而更可怕的事情还在后头。三个有点像人的奇怪生物不声不响侵入室内。狄亚斯第一眼看见他们时差点昏过去。那种虽然形状像人,但不仅没有头发,而且是连眼睛、鼻子、嘴巴都没有的"蛋脸",头与脸是绿色的,身高大约 180 厘米,

但脸孔只有人类的一半，身穿乳白色像是橡胶制的罩衫，身材高瘦，手臂也有两条，但没有手指，掌端圆圆的，像木棒一样，看来令人作呕。皮肤部分是光滑的，连一根毛也没有。

狄亚斯以为是幻觉或者做噩梦，便睁大眼凝视，但三个怪生物的确就在那儿，不仅如此，其中一个还走近他身边，伸出他那野兽般的手臂。

狄亚斯以为对方要杀他便大叫，但怪生物只是拔下他一根头发。狄亚斯也比较放心了，但怪生物又伸出魔手，再次拔下他一根头发，怪生物一再地重复这个动作。狄亚斯想反抗，但不知为何却全身僵硬，手脚完全不听使唤。

怪生物那木棒般的手臂前端似乎长有吸盘之类的东西，只要按在狄亚斯头上就可轻易地拔下他的头发，而且不可思议的是，狄亚斯一点也不感觉疼痛。一会之后，轮到他的胸毛，并且像在观察狄亚斯一般缓缓绕着床边走。

"我也许会被杀掉。"狄亚斯大致也有觉悟了，他再度感觉意识蒙胧，最后完全昏迷了。

狄亚斯再度恢复意识时，人躺在草地上。夜色已经过去。阳光灿烂耀眼。不远处传来汽车来来往往的声音，狄亚斯转头一看，原来是高速公路，但周围的景色他却很陌生。

好像逃过一劫了。狄亚斯先是一阵安心，然后看看自己的周围。他离开餐厅时携带的手提包和在餐厅入口处购买的报纸就摆在他身边的草地上。

"我在做噩梦吗？我从来不喝酒喝到醉倒野外的。况且，我还清楚地记得走下巴士，快到家……我又如何躺在这处高速公路旁的呢？那个时候才到深夜的 3 点半……"

狄亚斯连忙看一看手表，指针停在 3 时 30 分；他突然感到身体不舒服，想作呕，瘫痪在地。

数分钟后，一位开车经过高速公路的男子发现倒在地上痛苦挣扎的狄亚斯，便送他到布宜诺斯艾利斯的中央铁路医院。到达医院大约是5号午前8时。

医生诊察狄亚斯，最先以为他头部受到严重撞击而发生记忆错乱，因为狄亚斯最先昏迷的地点与被人发现的地点相距800公里之遥。除非乘坐高性能直升机，否则实难在如此之短的时间内移动800公里。而且，这位奇怪的患者满口胡言乱语，荒谬绝伦。

狄亚斯受到该医院46位医师长达4天的轮流质询与诊察，结果发现他有多根发毛与胸毛脱落，另外查出目眩、胃肠不顺、食欲不振等症状。与此同时，也进行了彻底的脑部检查，但却找不到任何异常。

住在美国纽约郊区的哈德逊也遭到过飞碟的劫持，外星人还对他进行各种身体检查、测试，最后将一个小圆球植入他的额头里，这个小球用X光透视看不出来，如果用采磁力图像法是可以发现的。

美国秘密文件记载，在他之前，地球上不少于四个人身上被植入外星人小的仪器装置。例如在1971年的一天晚上，美国俄勒冈州有一位妇人，在睡前突然感到头盖骨产生奇异的感觉，原来是两位外星人在动她脑部骨头的手术，她总觉得有件东西被深置在头盖骨下，当她一恢复知觉后，就入睡了。

事后，她请一位神奇通灵的人，为她回忆。结果发现，她的脑部被动过手术，外星人在她的脑中放入一宇宙无线电接收器。

一般认为，外星人这样做，可能有以下理由和动机：

(1)为监视人的生理机能的监测器。

(2)也许是为了让人履行他们的命令的接收器，属通讯装置。

(3)可能为进行某种遗传基因工程而植入。

(4)也许为了掌握被选定实验目标的人而进行接触的仪器。

遗留在地球上的尸体

数以万计的外星人操纵着飞碟在地球上空飞行、考察，有时还降临地球作实地考察。在这些频繁的飞行中，他们的星际交通工具飞碟即使非常先进，但不可能绝对完美无缺，因此，在某些时候总有飞碟失事的可能，这就难免有飞碟残骸和外星人的尸体甚至活外星人降临地球。很明显，飞碟残骸和外星人尸体对地球人的研究都是极为重要的。因此，不论在地球的任何地方，只要发现飞碟的残骸或外星人尸体，那里的政府和研究人员都在极为保密的情况下进行回收，而回收以后的研究情况又从来都是秘而不宣的。

地球人最早记载的回收外星人尸体的事件至少可以追溯到 1950年。1950 年 12 月 7 日，美国空军上校威廉·克哈姆和上尉巴金斯，就在与美国临界的墨西哥境内亲眼目睹了美国军方回收一个坠毁飞碟的情况，在这个飞碟的残骸中就有一个外星人的尸体，这个坠毁的飞碟和外星人的尸体都被运到了美国。

巴拿马著名的心理学家、精神病医生拉曼狄·艾桂拉，他也是一位有名的 UFO 研究专家，"巴拿马外太空现象研究中心"的主席。

艾桂拉博士在墨西哥国家电视上手持一具外太空星球人遗骸讲述了发现的经过：

1950 年 3 月，一个小男孩在巴拿马首都巴拿马市 112 公里以外的圣卡洛村附近的海滩上发现了他，外面包有衣物，随后拿着它去见朋友的叔

叔贾西亚莫拉医生。贾西亚莫拉医生是国家首席心脏专家,发现这是人体,立即送到巴拿马大学医学院检验,证实无误。

贾西亚莫拉在电视上说:"小孩拾到时,以为是玩具。后来认为他可能是一个溺死的人。开始他的身体是柔软的,不久便僵硬了。可惜的是小孩子不懂事,把他的衣物抛弃了,失去了线索。"

他又说:"我们发现他的脊椎骨和人类一样,颈部的脊椎骨却特别巨大,直径也比较宽阔,显示他有高度发达的神经系统,也可能有高度的智慧。他的头部比例比人类要大。"

奇怪的是,胸腔没有肋骨,只有一块平板胸骨。

从这副人骨判断,可能是个婴儿的遗骸,其成人的身高当在0.9米左右,体型发达像运动员,但两腿非常瘦。

外星人的身高可能不止0.9米多,是因为来到地球受到大气压力之后,引起了体型的急剧缩小和硬化。

艾桂拉博士说:"但是,他和我们人类不完全一样,只有推断他可能是外太空星球人类的婴儿。他怎么会出现在巴拿马海滩呢?可能是外星人来到地球生下的吧?可能是私生弃儿吧?总之,是一个无法解答的谜,也是人类学上最大的发现之一。"

但是,也有怀疑他是一种绝迹的侏儒种族,非洲扎伊尔的原始森林内就有侏儒族。那么南美洲说不定也有矮人族,也说不定是从非洲漂洋过海的矮人尸体。

在世界其他许多地方也发现、回收过外星人的尸体,甚至还捉住过活着的外星人。

1950年,在阿根廷荒无人烟的潘帕斯草原,曾经坠毁过一个飞碟。这个飞碟的圆盘直径约为10米,高约4米,有舷窗,座舱高约2米,表面光亮严整。

一家房产公司的建筑师博士博塔驱车行驶在潘帕斯草原的公路上，他发现路旁草地上静静地停着一个盘状的金属物体。出自强烈的好奇心，他停车走近物体。他从圆形物体的舷窗往内看，发现舱内有4张座椅。其中3张座椅上各坐着一个小矮人，他们纹丝不动，肌肉却已僵硬，显然已经死了。这些小矮人样子与地球人差不多，有眼睛、鼻子和嘴巴，棕色的头发不长不短，皮肤黝黑，全身套着铝灰色的服装。第4张座椅则空着。

博塔博士发现，舱内有灯，有各种仪表，有电视荧光屏，但看不出有电线和导管。他被眼前的景象惊呆了。他知道这一定是一艘坠毁的外星人的飞船。于是赶紧驾车逃到旅馆，把他的奇遇告诉了他的两个朋友。

第二天，他和他的朋友驾车赶回原地，但地上只剩下了一堆烫手的灰烬。他的一个朋友抓起了一把灰，手马上就紫了。后来，博塔博士得了怪病，连续数月高烧不退，皮肤也像干涸的土地一样皲裂了，谁也治不好他。

这3个外星人的尸体被人们发现但却未能回收到。是不是第4张座椅上的外星人在飞碟坠毁时幸免于难，最后不得已把飞碟和3个外星人的尸体一同销毁了？

类似的情况在意大利也曾发生过。

据意大利飞碟专家阿·别列格收集的材料介绍,一位名叫艾·波萨的建筑师有一天驱车外出旅行,在一个荒无人烟的地区,他发现离公路不远的地方倾斜着一个圆盘状物体。出于好奇,他走近这个物体,发现上面有一个打开的舱口。波萨从舱口走进了物体内。他发现在直径6米的圆舱里,有3位黑色物体。当地的渔民们发现黑色物体中有一个外星人尸体,他们马上通知了美国军方。

据目击的渔民们说,这个外星人身高约1.5米,与地球人一样有眼睛、鼻子和嘴巴,但每只手上都只有3根手指。后来,这具外星人尸体被送到了美军医院。

设在法国巴黎的"UFO报告真实性科学协会"主席狄盖瓦曾经在喜马拉雅山峰的冰雪中找到了一飞碟残骸,其中还有6具外星人的遗体。

回收外星人遗体和飞碟残骸的工作得到政府的大力援助,回收工作持续了数月之久。在回收过程中,人们发现这些外星人大约只有1米高,脑袋和眼睛显得特别大,而四肢则异常瘦弱。他们还收集到许多金属残片,大的有两三平方米,而这些金属在地球上从来没有出现过。

使人感到奇怪的是,除了6具外星人的尸体外,他们还发现马、牛、狗等牲畜,甚至还有一头大象,还有鱼和几百个鸟蛋。他们失事的年月不可考察,因为这些残骸被冰雪封冻起来了,难以考察其失事的变化,也许这事发生在几年前,也有可能发生在几千年甚至上万年以前。

另据报道,1987年11月,前苏联科学家声称,他们在前苏联戈壁大沙漠发现了一个直径22.87米的不明飞行物体,这是一个碟状的飞行器具,里边发现了14具外星人的尸体。经检查,此飞行物至少坠毁了1000年。

前苏联科学家杜朗诺克博士在南斯拉夫的一次讲学中谈到此事时

说:这不仅证明外星人早已存在,而且说明了超级技术已存在十多个世纪,而外星人对地球的兴趣至少有 1000 年了。他透露说,前苏联科学家在例行对戈壁大沙漠进行调查研究时,发现了这艘半埋在沙漠内的不明飞行物。检查后发现,此物体良好,并完整无缺,包括引擎在内。外星人的尸体,受到沙漠酷热的蒸发,已成为干尸了,但也是完好无损。后来,他们被秘密送往明斯克附近的一个国家研究中心。

1988 年,在巴西深山中发现了一个外星人居住过的地下城,这对研究外星人很有帮助。巴西著名考古学家乔治·狄詹路博士带领 20 名学生到圣保罗市附近山区寻找印第安人古物,却找到了这个外星人曾居住的城市遗址,迹象显示,这城市已存在 8000 年之久了。

当时这个考古队的一名学生,无意中跌落到一个 6 米深,又湿又黑的洞穴之中。狄詹路和其他同学立即去救他,这才发现洞穴内别有天地,不但宽大而且深不可测。他们在手电的照明下,找到一个巨大的密室,里面放满了陶瓷器皿,珠宝首饰。更令人吃惊的是,他们还发现了一些 1 米高的小人状骸骼。

狄詹路博士说:"我最初还以为找到了一个古老印第安部落遗迹,直到我细看骸骼后才知道不是。"

它们头颅很大,双眼距离较一般人近得多,每只手只有两个手指,脚上也只有 3 只脚趾。

狄詹路博士等人再深入洞内,还发现了一批仪器和通讯工具。根据对洞内物件年份的鉴定,显示它们超过 6000 年以上。毫无疑问,这是一个曾在南美洲生活的极先进的外星民族。发现的那些骸骨与人类不同,其智慧也远远超出人类。从发现的通讯器材来看,他们必是来自另一个星系,为了某些原因才在地球上定居下来。这次发现外星人地下城古迹是前所未有的。如能揭开其来龙去脉,将有助于我们更好地了解这个宇宙。

美国是否保存外星人的遗体

　　美国回收飞碟和外星人尸体的事件在世界各国是最多的，但由于这涉及高度的军事和科技机密，美国政府总是想尽办法掩盖事情的真相，这本来也是可以理解的。

　　日本的著名作家矢追纯一先生，花了大量的时间和精力，在美国各地拜访了许多与回收外星人尸体有关的人员，获得了大量的资料。在此基础上，他在 1989 年出版了一部引起世界飞碟研究界高度重视的著作《外星人尸体之谜》。在这本书中，他详细记载了自己在美国调查访问的情况。他认为这些年来美国回收飞碟和外星人尸体的事件竟有四十起之多，现在还有数十具外星人尸体存在美国，但具体地点不明。不过，有一处是可以肯定的，那就是俄亥俄州西南一个城市近郊的空军基地。他们被冷冻在地下室的秘密器具中，美国人还解剖过外星人尸体等等。

　　据飞碟协会表示，他们坚信美国前后共掳获了失事飞碟的外星人遗体约 60 具，其中有两名至今仍然存活着。他们自信地表示，他们握有证据，两名外星人是被美国监禁起来，为了避免发生"星球大战"，美国应速将两名外星人送回太空。

　　美国著名的 UFO 研究专家威涵博士曾经披露了一宗美国当局保密多年的奇案。

　　威涵说："外星人不断来访地球，其中的宇宙飞船失事，坠落在地球的一些偏僻地区，不为人知。"

他说："美国和墨西哥的秘密档案都有很多这类记录。我们搜集到了 15000 份政府公文，在这些公文中，我们得知近年来最少有两次外来宇宙飞船失事在美国境内。美国政府否认掌握这些材料，但是我们正获得美军退职人员作证，他们曾亲眼目睹这些外星人的尸体。我们也获得几位曾经检验外星人遗体的验尸官作证。"

威涵说："我们还获得一批由美国海军摄影官员拍摄的外星人尸体的照片。照片的底片经两家有声誉的摄影实验室所有科学方法的检验，证实不是赝品，年代确实，没有涂改、叠影、缩影等情况。"

威涵在电视上展示这批外星人尸体照片时说："1948 年 7 月的某夜，美国空军雷达网发现一架高速飞行的不明物体，追踪之下，发现其坠落在得克萨斯州拉列多镇以南 30 英里的墨西哥境内。墨西哥政府立即派军队封锁了现场，并通知了美国政府。华盛顿政府马上派了一批官员和专家前往，同行者中有一位海军的摄影官，是他拍摄的这些照片。这位摄影官现在还在服役，他给我们写了一封信，信中说：'假如你们公开这批秘密照片，你们难免受到怀疑者的攻击，也难免受到美国政府某一秘密机构的麻烦——该机构机密到甚至你们无法想像会存在。我已将照片上围观尸体的一些人物剪掉，以免被认出。'"

"军官还作证说：坠落的宇宙飞船爆炸焚烧，剩下的残骸和两个外太空星球人尸体均被送往俄亥俄州的赖特派逊美国空军基地检验。"

威涵说："失事烧死的外星人，身穿太空装，头戴太空盔，身高仅 1.37 米，男性，脑袋比常人的大。"

另一位 UFO 研究专家史称飞说："美国政府及军方从 1950 年至今已经收集了三十多具外星人的遗骸，进行秘密解剖研究。"

史称飞从事 UFO 研究三十余年，他说有很多人接触过外星球人，他搜集了很多目击报告，一般常见的外星人的形状是：身高 0.9~1.5 米，如

同未发育的少年。脑袋特别大，呈梨状。眼睛特别大，好像戴了防风镜，没有眉毛和上眼皮，因为戴了面具，看不见眼珠。他们好像没有鼻子，只有鼻孔。他们全身无毛，头上也没有头发。他们臂长过膝，手有五指，但有像鸭蹼似的薄膜。因为穿着太空装，皮肤呈灰白色。他们不张口讲话，可能用传心术沟通意念。他们通常喜欢穿银灰色太空衣，看不见拉链或扣子。他们全是男性，模样相同，像从试验室用细胞培养出来的。据说，这些尸体都是从世界各地坠毁的外星太空船的残骸中找出来的。

美国和其他一些国家对于这些外星人访客的着陆点都有着许多秘密档案。这些惊人的秘密，是美国一个名叫"20世纪不明飞行物研究会"组织的主席罗勃·D.巴利先生透露出来的。他说，美国中央情报局在近30年里，对于有关不明的飞行物的情报一直讳莫如深。

有关这些外星人尸体的消息，是巴利先生从美国军方有关人士那里获知的。目前，他掌握着一架不明飞行物于1947年在美国新墨西哥州的某个空军基地附近坠毁的最详尽的资料。他说："那个坠毁的物体，直径有56米。它由一种地球上所没有的金属制成，是一种典型的碟状飞船。它装有着陆装置，但并没有放下来。在它准备着陆之前，已经被美国好几个州的军用雷达发现。它是以每小时90英里的速度着陆的。"

巴利还说："在这个坠毁的残骸中，有两个人类生命体，他们的高度大约是42英寸。这两具尸体后来被送到美国东部一所著名大学的医学中心进行解剖。这两个人类生命体的脑袋，要比我们大一些，他们的鼻子只是两个小小的突起，嘴唇很薄，他们像人类一样有一对耳朵，但小得很，而且没有耳郭。"

这个消息来自那些看见过这两个人类生命体的人之口。这些人还说，这两个人的肺部同我们的没有什么两样，他们看来是在一个氮气多于氧气的世界上生活的。然而，我们地球的环境，对于他们来说也是很

适宜的。

巴利认为,美国拍摄的有关不明飞行物和外星人的影片《第三类接触》虽然被称为科幻影片,但其内容的 70%却都是确有其事的。

1950 年底,在美国新墨西哥州的一个空军基地发生了一桩不可思议的事件。一架不明飞行物在一条跑道的末端安稳地着落了。两三辆吉普车立刻朝那个不明飞行物驶去。那是一个十分典型的圆状飞碟。吉普车上的军官把飞碟里的乘员接上了车,然后朝基地指挥部开去。这些乘员在指挥部逗留约一个小时。然后他们又被用车送回飞碟上。不久,那个飞碟垂直起飞离开了。这显然是一次面对面的直接接触,不过没有人出来证实这件事。

几十年过去了,不少人对此事已淡漠时,1989 年 11 月末,美国一位核物理学家声称,42 年来,在美国俄亥俄州的某个空军基地里一直保存着 4 具外星人尸体。当年美国总统杜鲁门曾下令严守这一秘密,并将 4 具外星人尸体进行了化学处理,以备日后研究。

透露这条消息的核物理学家名叫斯通·弗里德曼,当年他直接参加了对外星宇宙飞船残骸及外星人尸体的处理工作。据他讲,这 4 个外星人个头很小,皮肤满是皱纹,呈深灰色,但头和眼睛都很大。令人恐惧的是,他们的耳朵和鼻子不像人类那样长在脸部外表,而是深陷在脸的内部。他们的手臂也与人类不同,从手肘到手腕的那一截显然特别短。

弗里德曼说,外星人宇宙飞船的金属材料也很古怪。它看上去就像香烟包装材料的银色纸片,薄而轻盈,但却异常坚硬,既不能弯曲,也折不断。据透露,目前这 4 具外星人尸体和那艘宇宙飞船残骸都放在俄亥俄州某空军基地的地下室里。那里,只有屈指可数的几名专业人员进出外,其他概不准接近。

从杜鲁门开始,历届美国总统(包括布什)都了解这一秘密,但又都守口

如瓶。据德国的《世界报》报道,1947年9月24日,杜鲁门发布的"绝密"总统令中,把这一事件命名为"神圣12号摇动",并规定,有关这一事件的情况必须直接报告中央情报局局长及总统本人。

关于美国政府曾收回过飞碟和外星人遗骸的说法已在世界各国传开,许多新闻媒介都做了报告。日本还出版了UFO专家南山宏编著的《美国政府隐藏了外星人尸体》一书。日本科普杂志《友谈》1987年11月号以《这就是宇宙人》为题出了特集,细腻地描述了"宇宙人"的体态,并复制了"宇宙人"模型。

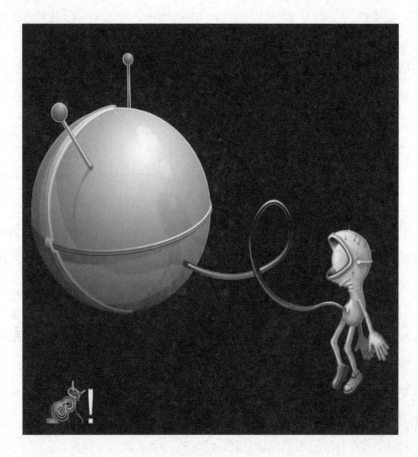

外星人何时来过地球

　　古人对外星人的描写除了出现在各民族的神话或文字记载中，也出现在大量的岩画中。岩画为史前的百科辞典，弥补了史前没有文字记载部落大事的空白，也为我们研究外星人是否曾经来过地球提供了可靠依据。

　　1956年法国民族学家亨利·罗特在北非撒哈拉大沙漠的塔西里·纳基尔山中发现400多处共有15000幅的岩石绘画，那地方现在已是不毛之地，但在公元前6000年到4000年前还是一片草木繁茂的肥沃土地。人类很早就在这里定居，他们饲养牲畜、种植五谷，并创造了许多美不胜收的艺术作品。塔西里岩画反映撒哈拉地带沙漠化以前原始人的生活和作为猎物的各种动物。

　　在这些岩画中，可以看到有角的人物像，有戴着头盔，被称为"大火星人"的人物像和看起来像在空中浮游的人物像。虽然塔西里岩画的大部分人物都是表现我们人类的生活，但是戴头盔、身穿类似航天服那样的衣服的人物像，给我们的印象却像是外星人。一般来说，画家总是根据自己熟悉的东西作画的。即使是想像力丰富的画家，也只能在所熟悉的基础上稍加夸张或想像而已。创作这些岩画的古人既然能惟妙惟肖地描写出猎人、大象、牛、马、羊等，那么有关外星人的岩画也绝不是凭空捏造的，也应是古代人亲眼目睹到外星人之后，才能以生动的表现力创作出来的。他们把自天而降的外星人视为神灵，用岩画的形式记录下来，由此可以推

断,外星人可能是真的来访过地球,否则他们就不可能创作出那样的画面。

在澳大利亚的西北部有许多荒凉的土地,现在已没有什么人居住。在这个半沙漠状态的广大地区,有一个金伯利山脉,在那里也可以找到很多岩石绘画。那里的先民留下了如此不可思议的传说。有一种奇异的人类,自天而降,将自己的形象刻画于岩壁,而后又返回天空。先民们把这些不可思议的人物像视为神圣,保存至今。这些人物像身穿宽敞、舒适的衣服,没有嘴,在头部有像释迦牟尼那样的光,即使今天看起来,也给人以很强烈的冲击。

宽敞的衣服是航天服,没有嘴是因为戴了头盔,或他们的嘴已退化,头部特别大。头部有层光,说明这些外星人能发光,尤其是在脑后最亮。这说明,在远古时代外星人访问过澳大利亚的金伯利。

同样的岩画在澳大利亚中央部分的巨大岩石山——阿尔兹·洛克附近也可以找到。显然,外星人以这个巨大的岩石山为目标,曾在阿尔兹·洛克附近降落,从而使澳大利亚的先民们看到了他们的形象,并将其记载于岩画之中。

在南美的提亚瓦纳科有块红色砂岩上雕刻着一个巨大的偶像,上面布满着上百个符号。考古学家们经研究认为,这些符号记录了无数的天文知识,并且这些知识是建筑在地球是圆形的基础上的。其上还记录了27000年前的星空。据估计,这可能是外星人给玛雅人留下的。

除非洲、澳大利亚之外,在意大利、俄罗斯、南美等许多地方,也有外星人岩画被发现。最新发现的外星人岩画是在北美大陆。

北美大陆的岩画与其他地区的岩画相比,有关外星人的画法虽稍有不同,但都有带天线的头盔和航天服一样的衣服。从岩画中还可以看到从母船降落到地球的着陆船或在天空中移动的小型飞船。

在智利的复活节岛上的断崖处及洞窟里还有数百幅壁画，仅"鸟人"就有150幅，鸟是先民美拉尼西人崇拜的神像。他们传说，鸟人——一些会飞的神从天上飞来，曾在这里着陆、居住。岛上睁大着眼的雕像，就是这些飞人的肖像。除了大量的岩画忠实地记录了外星人来到地球的场面及其形象外，在不少的出土文物中，也常常可以看到外星人的影子。20世纪20年代，来中国考察的瑞典学者安德森在甘肃宁定(即今广河)买到几件新石器时代的陶塑半身人像，属于马家窑半山文化类型(时

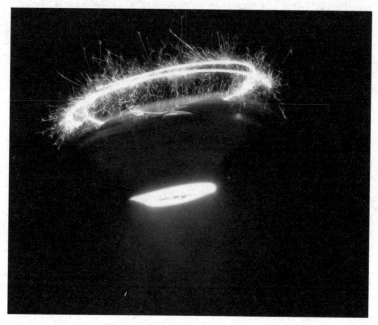

期)。这个陶塑模特儿，戴着透明的头盔，上面有对称的"风镜"。浙江省海宁马家浜文化遗址于1959年出土的陶片，其中的形象似猿，在头部有不知是象征头盔还是光环的外饰三个圆圈。仰韶文化遗址50年代开掘，出土了大量珍贵文物。其中有一套(五件)绘有珥鱼人面纹的彩陶，极具特色，成为陕西临潼的古代宝藏。考古学家将珥鱼人面纹认作半坡氏族崇拜的鱼神。这些祭礼图画展现了半坡人的生活习俗、祭礼教义，同

时也记叙了外星人乘具、天外来客和半坡人的联系。世界上以幼童作为祭品的古民族比比皆是。这里的意境为外星使者接受仙童的祈求,乘飞碟来到地球的"外星使者,自天而降"之描绘:中间头像鼻梁粗大,从双肩之上向下耸立,头部正中之上闪烁着三角形光辉。双肩呈互相倒扣之碟子,状似UFO,这个飞行器,周围闪烁耀眼的光芒。随后,半坡鱼神,即仙逝的儿童,乘坐UFO降落水下,在"水下停泊,静听鱼诉";仙童之双肩由倒扣着碟子的飞行器组成,左右并无鱼尾图案。在"仙童施法,水中获鱼"时,仙童头上的灵光关闭,头额全用深色,意在水中停泊,唯独飞行器表面略微发光。接着"仙童升空,苍天有眼"中,正为仙童睁眼,其双肩仍为一对倒扣的碟子。头部上方闪烁着明亮的"圣火",丁字形的一对帽珥变成两个半圆形双曲线,显露出光芒。

这些图案里双肩部位很可能是碟形UFO的想像画。从五个图画的内容上联系起来看,这是反映外星人接受人们的祈求,帮助人们在水中捕捉大鱼,献给父老乡亲食用,赐予地球人幸福欢乐。生活乃创造之源,史前居民通过对外星使者的描摹,才描绘出祭祀用的模特儿,通过目击UFO在水中升降的特征,才构思出一整套庄严、优美,并融古代风尚、思想、生活于一炉,汇真、善、美于一体,显示出和谐、统一、完美的画面。

地球人的未来形态

从地球人被外星人绑架的事例中，人们产生了种种猜想，提出了种种假说。与其注意"体验"的细节，不如对"被绑架者"的共同的要素作深刻的研究，从这里开始探寻科学的可能性。

最重要的一点是所有被绑架者都曾经面对过不少外星人，这是他们的"记忆"的共同特征。外星人大致可被分为两类，小人型和巨人型。关于细节，前面已经谈得很多。

根据人类学的观点来看，这两种类型都可能是我们人类未来发展的方向。比如小人型，他们那些巨大的头和贫弱的体形，如果我们的子孙今后智能越来越发达，注重精神生活，单纯的劳动由机器人替代，那么未来人类的头越来越大而身体却越来越小，也许真会发展成那副模样。

另一方面，巨人型的大头和向上翘的下颚也暗示了智能的发达。高大的身体就如同人类中的运动员的体魄，文明化的过程中，身体与精神同时得到了锻炼。人类的平均身高，比起原始时代的人类，已经大大增加了。如果重视肉体健康和精神的话，人类长得更高完全是可能的。如果这样的推测能够成立的话，其中似乎还隐藏着某些重大的含义。

外星人是宇宙中具有知性的生物，他们都是碳素生物，这一现象强烈地暗示了他们可能属于"人类型"的一种宇宙生物。那样的话，宇宙中普遍存在以碳素为主要成分的有机物。这些证据正在不断地被发现。知性生物为什么以人类型的形式出现比较合理，已经有了不少研究论证。

同外星人通讯

假如一个文明从不向宇宙发射信号，那另一个文明是无法测得它的存在的。相反，假如一个比我们人类先进几十年的文明向茫茫宇宙发射无线电信号，我们就有可能在方圆 500 到 1000 光年这个范围内发现它的存在。要是两个文明互相收听到对方的无线电信号，它们就可能在我们这个星系的范围内建立无线电通讯联系。这个结论是前苏联科学院的科捷尔·尼科夫教授得出的，他是前苏联无线电电子研究所的专家。教授是于 1964 年在亚美尼亚的比尤拉坎第二次国际外星文明和星际无线电通讯会议上第一次公布他的这些研究成果的。

但是，我们面前出现了一个最最棘手的问题：我们星系中两个素不相识的文明用怎样的语言通话呢？前苏联新西伯利亚数学研究所的格拉德基教授在一次精辟出色的演讲中，陈述了自己观点，其主要内容为：

(1)首先应当考虑的问题是另一个文明可能发来的电报内容。似乎可以设想，这份电文包含着那个文明的一部分知识。这个电文的破译工作在那个发送电文的文明来说，一定是最简便的。总之，我们不能排除宇宙中存在着一个比我们先进得多的文明的可能性，他们的数学概念同我们的有着根本的区别，甚至在思想方式和计算程式方面，他们也同我们毫无共同之处。

(2)迄今为止(指的是教授发表讲话时的 1964 年)，对同外星人通讯

时所用的语言问题,人们任何建议都提不出来。不过应当指出,两个文明之间要发生接触,使用某种语言是可能的。

(3)总之,在同外星文明发生接触的情况下,我们应当运用和发展某种语言的普遍理论,而不应该光考虑星际通讯的问题。

教育科学的这些极先进的内容至今还没有引起有关领导人的足够重视。

1964年5月23日,在前苏联亚美尼亚的比尤拉坎召开的第二次国际外星文明和星际无线电通讯会议公布了一项决议,内容为:宇宙中存在着并发展着一个智能生命,这一问题对我们的哲学和科学具有极重要的意义。唯物主义哲学坚决摈弃人类中心说。现代科学坚持唯物主义哲学的这一观点,然而,直到目前为止,我们还没有任何证据证明,宇宙中确实存在着另一种智能生命。不过我们应当看到,同外星文明的接触对我们的自然科学、哲学和日常生活都有重大影响。直到前不久,星际通讯在技术上来说还是不可能的事。可是最近一些年的实验(如"奥兹玛计划")证明,我们使用一定的电磁波谱是可以同外星文明进行无线电联系的。为了确保这种联系的最大的有效性,星际无线电联系的频带应压缩在每秒周期数为10.9至10.11这个幅度里(厘米波和分米波)。

天体物理学的现代化手段完全能适应这种类型的频率。另一方面,控制论的飞速发展为我们破译外星文明发来的电码信号提供了可能。现在,关于宇宙智能生命的文学作品日益增多,越来越多的各门学科的专家致力于这项研究课题,美国率先将这些方面的研究("奥兹玛计划")付诸实践。这一切都清楚地证明,同外星人可能的接触问题已经跨进了一步,现在必须将此问题看成需要不断予以重视的头等重要的科学问题。目前,应当开始对这个问题做出实际的理论性的试验。这种为研究同外星文明接触的试验需从两个主要的方面加以考虑:

(1) 在地球周围 1000 光年距离内的天体是经常不断的定期的测听对象。与此同时,要向地球外发射信号。

(2)通过对可能有智能存在的微弱无线电波源的详细分析,来研究比我们更为高级的外星文明发射的信号。

这项决议还建议各国加强观察,并加紧研究一种能为技术上十分发达的任何外星文明理解的宇宙语言。如果说 20 世纪 60 年代美国在探索外星生命方面遥遥领先的话,那么进入 70 年代以后,前苏联已经超过了美国。前苏联制订了一个同外星人联系的计划,这就是著名的"塞蒂 1 号计划"和"塞蒂 2 号计划"。

在详细介绍这两项计划之前,我们先说说前苏联人选择的基本方针:

(1)同外星文明取得联系的工作是一项长期性工作。科学家们的工作应该有一个长远的打算,因为我们绝对不能指望立即就能轻易地同外星人取得联系。

(2)这项研究工作必须有一个不断完善的执行计划,并要运用尖端技术(射电望远镜、干涉仪)。

(3)应当着力从理论上研究外星智能的信号,这些信号的性质也许同我们的逻辑毫无共同之处。

(4)同外星文明的联系问题已经有了相当深入的研究,因此应当建立一个常设的科研机构,协调各方面的研究工作。

(5)协调的范围应涉及天文学、生物学、信息学、文明的起源和发展等学科。

前苏联人同外星文明接触的计划大体内容如下:

(1)"塞蒂 1 号计划"(1975—1985)

①动用 8 个规模宏大的监听站,以便随时测听另一个文明发来的无线电信号。

②为了避免地面电波干扰，这些监听站都同配备有全向天线的人造卫星建立联系,这些天线的频带是 3~30 厘米的波长。

③建立第二组天线网，使它们昼夜不停地对准离我们星系最近的一些星系。

(2)"塞蒂 2 号计划"(1980—1990)

①发射一系列高灵敏度的人造卫星，以便一刻不停地监听来自宇宙的任何可能的智能电波信号。

②威力强大的泽连丘克无线电天文观测台，同相隔遥远的另一个大型天文观测台同时监听，以便尽可能地把外星发来的信号从星系深处发出的其他声音中分离出来。

在全世界的天体物理学家中间，特别是在前苏联的天体物理学家中间,已经出现了监听我们的宇宙兄弟的总动员。不过要问,"他们"真是我们的兄弟吗?如果他们回话说他们听懂了我们的信号,那将会出现何种情况呢?我们星球的居民将有何反应呢?

枪击外星人

1955 年 8 月 21 日，美国肯塔基州靠近克利的地方发生了一起与 UFO 遭遇的事件，是当代 UFO 第三类接触中有名的案例之一，艾伦·海尼克博士在他 1972 年出版的《UFO 经验谈》一书中，曾用 6 页篇幅讲述此案。

事件发生在肯塔基州克利城郊的一个小农庄里。当时 L.萨顿家共有 8 个成人和 3 个孩子。8 月 21 日晚，天空晴朗，大约 7 点钟光景，萨顿的朋友比利·雷·泰勒匆匆忙忙地从井边回到屋里，告诉在座的人，他看见了一个闪着亮光的飞碟。这个飞碟射出彩虹般的多色光，从天空飞过，降落在离这幢房屋 12.19 米远的水沟旁，萨顿一家人都不相信泰勒的话，认为他错把流星当成了飞碟。半小时后，他们突然见家犬汪汪狂吠。不一会儿，家犬夹着尾巴跑进屋里躲了起来，于是，泰勒和萨顿两人走到院里，察看究竟是什么把狗吓成了这个样子。他们突然发现一个奇怪的发光体从田里朝房屋接近。当亮光移近时，他们才清楚地看到，这是一个人类生命体：他 0.91 米高，脑袋又大又圆；双目铜铃般大，发出黄光，他两臂很长，几乎垂到地面，他手掌很大；他的整个身躯好像是由银色金属制成的。这个人类生命体向前接近时，双手举过头顶，像是在向目击者显示"在这里"。

泰勒和萨顿惊愕极了，急忙抓紧手中的手枪和来福枪，慢慢地退到屋里，埋伏起来，当那个人类生命体距大门仅 6 米时分别开了枪。枪响之后，人类生命体朝后一退，急忙跑开，消失在黑暗中。紧接着，他们又

看到了另外一个(也许是同一个)人类生命体在玻璃窗外向屋里面窥视。他们急忙对着玻璃窗,扣动扳机,那个"东西"即消失不见了。

他们确信子弹击中了他,于是出去寻找尸体。走在最前面的是泰勒,当他正要迈步向院里走去,突然发现一个人类生命体在门道的屋顶上伸出大手,来抓他的头发。这时,屋里的人赶紧把他拉回来,此刻,萨顿冲出屋,朝那个人类生命体开枪,把他从屋顶上打落下来。

可是在屋旁的一棵枫树上,他们又发现了另外一个人类生命体,萨顿和泰勒也同时朝他开枪。后者从树上掉下来,飘落在地上,然后飞快地走了。很快,另一个人类生命体(也许是从屋顶上掉下来那个)从房屋的一侧绕过来,几乎是冲着站在屋门口的人们走来。萨顿举起手枪,又对他平射。但仍无效果,他们只听到子弹像是射在铁桶上的声音,而他却安然无恙地跑开了。

他们注意到,这些人类生命体走路时,两腿僵直不弯,移动的动作几乎完全靠髋关节来完成。他们身躯直立,在逃跑时才弯腰,且借助两只垂地的长手臂移动,他们身躯飘浮的能力是很明显的。当其中一个从屋顶上被击落下来时,大约飘到了 12 米远的篱笆附近,在那儿他又被枪打中,顿时便不见了。他们的皮肤在黑夜中发着光,他们被击中或大声喊叫时,浑身就显得更亮。

兰克福德太太是这个家庭中的长者,她劝大家停止敌对行动。她认为,尽管开了数枪,但这些生灵并未做出过火的举动,夜晚 11 点钟,他们仍然忐忑不安,于是便分乘两辆汽车急驶到霍普金斯维尔附近的警察局。

一个半小时后,警方人员陪同他们返回现场,进行调查。他们对房屋、院落和周围的建筑物进行了彻底的搜查,结果一无所获。搜查时,当有人不小心踏在猫尾巴上时,猫凄厉的叫声使大伙紧张到极点。搜索人员对周围

的树林也进行了搜查，仍未发现任何踪迹。唯一的发现，是一个生灵被枪击中后留下的一小块发亮的东西。于是，搜查人员于凌晨 2 点 15 分离去。

萨顿一家开始熄灯就寝，兰克福德太太躺在床上，两眼望着窗外，突然，她看到一道神秘的亮光，这道亮光是其中的一个生灵双手扒着玻璃窗向屋内窥视时发出的。她非常沉着，悄悄地呼唤其他人。于是，萨顿提着枪，对准窗外的生灵开了一枪，结果依然无效。可以说，整个夜晚，这些生灵屡屡出现，但未做出过敌对的过火行动。他们最后一次看见生灵的出现，是在太阳升起前的一个半小时，约凌晨 5 点 15 分左右。

另一例枪击外星人事件发生在巴西，但是事主的命运比萨顿一家要凄惨得多。

伊纳西欧·苏萨受雇在一所农场当经理，农场主人是圣保罗的资本家，偶尔开着私人飞机前来农场巡视。但因某种原因，他的姓名不能公开。

事件发生于 1967 年 8 月 13 日大约午后 4 时。当天下午，伊纳西欧比较空闲，便开车载着妻子玛莉亚与 5 个孩子到附近的森林野餐。一家人其乐融融地玩了一个下午，傍晚回到住家附近时，才发觉情况不妙，一架巨大的物体停在农场主人辟建的私人飞机场的跑道上，该物体的直径超过 30 米，形状就像颠倒过来的洗面台；更令人吃惊的是，大约伊纳西欧的家与怪物体的中间一带有三头形状像人的生物在走动。

伊纳西欧认为那些生物没有穿衣服，但妻子玛莉亚认为他们穿一种紧身衣。看不出有头发，没听见他们发出任何声音。身高大约十岁孩子那么高，动作颇似孩子蹦蹦跳跳的样子。

伊纳西欧完全不相信外间盛传的所谓飞碟，所以他根本没想到那三头生物可能是外星人——来自地球大气圈之外拥有高科技与惊人武器的侵略者。他只当他们是当地常见的宵小、流浪汉之类的非法入侵者，他唯一的念头是靠自己的力量保护家人与农场。伊纳西欧下车，吩咐妻子快把孩

子带进家中。

这时，三头形状像人的奇怪生物(疑似人类)也发现了他们，一边指着玛莉亚与孩子，而且还跑向他们。伊纳西欧大惊，对着妻子大喊"快躲进家里!"伊纳西欧连忙从车中取出枪，瞄准跑在最前面的怪生物，大喊:"别跑,否则要开枪! "

但那三头奇怪的生物并不理会，伊纳西欧决定开枪，正当他要扣扳机时,停在跑道的那架怪物体竟发出一道绿光,射中伊纳西欧的胸部,他当场倒下了。玛莉亚连忙跑过来,蹲在丈夫身边,呼叫丈夫的名字,伊纳西欧并没有死。

其间,三头生物已经跑回跑道上的怪物体,钻进里面;同时,怪物体开始垂直上升,发出类似蜜蜂群飞翔的怪声,高速飞离。

事件后,随着时间的推移,平日极其健康的伊纳西欧开始感到身体不适。最先是想呕吐,全身酸痛,后来全身各处麻痹,双手严重发抖。妻子玛莉亚甚感忧虑,联络农场主人。雇主获悉情况,大感吃惊不已,便从圣保罗乘坐私人飞机赶来,这是事件后的第三天。

农场主人听了伊纳西欧与玛莉亚叙述三天前发生的可怕事件,亲眼看见伊纳西欧痛苦不堪的样子,当下判断他的病情严重,便用飞机送他到戈亚斯州的首府戈亚纳就医。

伊纳西欧接受内科医生(他的名字也因某种原因不能公开)的诊察。内科医生查出伊纳西欧身上有灼伤,至于其他症状却无法说明。伊纳西

欧未向医生透露他与飞碟接触的经过，医生仅仅从症状加以判断，认为伊纳西欧可能误饮毒药，并问伊纳西欧与农场主人是否猜对。农场主人认为应向医生透露一切，于是，他与伊纳西欧轮流叙述那桩事件。

医生听后表示伊纳西欧可能受到某种辐射线伤害，便试着进行血液检查，果然证实伊纳西欧患白血病。白血病是遭到大量辐射线照射引起的疾病，属于一种血癌。医生考虑到告诉伊纳西欧实情恐怕徒增其精神上的痛苦，最糟的情况还可能引起休克致死，所以医生没有告诉伊纳西欧，只告诉农场主人。

"目前这种病是绝症，患者迟早会死，住院也没有多大意义，倒不如让他回家与家人团聚，共度所剩不多的生命。"

农场主人大感惊愕，但只好按照医生的吩咐做。伊纳西欧再度被农场主人用飞机送回农场内的家。

回家不久，伊纳西欧的体重开始急剧减轻，而且全身出现大拇指一般大的白色斑点，全身酸痛，四肢无力。

虽然伊纳西欧不知自己病情的严重性，但他知道死期将至，便交代妻子玛莉亚："我快死了，当我死后，就把我的床铺、衣服、使用过的东西全部烧掉，以免这种可怕的疾病传染给你们。"

事件发生的 58 天后，1967 年 10 月 11 日这位举枪保护家人与农场的伊纳西欧惨遭地球外的侵略者伤害，负下致命伤，全身激痛，在牵挂的妻儿的惦念声中断气。虽然妻子玛莉亚知道丈夫的病是白血病而不是传染病，但仍按照丈夫的遗言把他所有的东西全都烧掉。

在戈亚纳为伊纳西欧做过诊疗的内科医生也赶来农场，检查他的遗体，在死亡诊断书的死因栏添入"白血病"，并告诉在场的农场主人："这个事件的真相最好别对外公布，否则社会可能陷入恐慌状态。"

神秘呼号

　　法国曾经披露，俄美两国科学家正在研究一种来自外太空的神秘无线电信号，据分析，这个信号是5万年前从某个星球发出的求救呼唤。

　　一位不愿透露身份的美国天文学家对法国报界说："这是一个惊人的突破，我们的电脑已成功地将这个无线电信号最主要的部分翻译了出来，大意是：请帮助我们到第四宇宙，发生爆炸。我们处境十分危险。我们的位置在12银河系。"

　　这个奇异信息已由两国专家将其转换成人类可读的文字，但他们对此事却一直秘而不宣。

　　这位天文学家说："十分简单，用数学计算，我们估计到这是一艘古代飞船，或是一个星球，它似乎正在寻找某些指引，以便帮他们脱离险境。这件事确实令人震惊。经过努力，我们已经初步计算出那信息至少是5万年前发出的，也有可能更久。"

　　1924年8月20日下午1点50分至23日晚上11点50分，进行科学研究的阿姆哈斯特大学天文学教授迪皮德·特德博士要求在此期间所有发射强电波的电台临时停止广播。1924年8月22日晚7点至10点，乘坐美国军舰进行研究的特德博士在火星最接近地球处(火星与地球间的距离为5600万公里)，捕捉到了一种奇怪的电波。"这是怎么回事儿?会不会是太空人发来的信号?"特德博士自语道。可是他始终未弄清

这种奇怪的电波来自何方,表示什么意思。

1958 年 10 月,人造卫星进入太空。在卫星上装置的大型电波跟踪装置也接收到来路不明、意思不清的奇怪电波。它使得美苏宇航基地的工作人员手足无措,大惑不解。

1974 年 3 月 12 日,前苏联"火星 6 号"密封舱在火星上着陆,向地球发回了照片。从照片上可以清楚地看到干裂的河床。这次调查否定了火星上存在高级生物、运河等推断,这也就否定了上述奇怪的电波来自火星的可能。

为什么在地球的这边才能收到外星的信息呢?

澳大利亚的无线电望远镜采用最先进的太空时代技术,有 900 万个频道。科学家们利用它收听到了外星播出的重复的高频率信息,在巨型天线使用不到几个小时,就收到了这些讯息。伯克雷斯博士回忆说:"我们惊奇地听着那一连串的有音笔的嘟嘟声。我们毫无疑问地确认,这是外星文明社会发给我们的信息。"

几天之后,无线电波突然改变了频率。嘟嘟声也中断了。寂静了不久后,接着传来了低沉的呻吟声。伯克雷斯博士说:"那是外星人的声音,用的语言同我听到过的任何语言都不一样。那声音在不断地讲,中间偶尔出现嘟嘟声、咕噜声,好像他在清嗓子一样。我无法猜测他在说什么,但从那温柔的调子,我想他是在传递和平的信息。"

外星人的信息已被录音,并正由世界各国专家们进行分析。在澳大利亚接收站,科学家正夜以继日地工作,他们试图寻找到发出信息的那颗星球。

伯克雷斯博士说:"一旦我们找到目标,我们会发出问候的讯息。"

如果真的有外星人存在,那么出于与我们人类同样的目的,他们一是会用无线电波联系,二是派遣飞行器出征,这也是情理之中的事。科

学家们对此提出了以下的设想：假如外星人存在，那么外星人居住的行星较我们地球年长，其社会发展水平高于人类，他们能够制造出类似感染有机体的病毒那样能够进行自我繁殖和复制的机器。关于这一点是有科学根据的：人类已在 20 世纪 90 年代研制出第 5 代计算机——人工智能机，进入 21 世纪后可实现采用生物芯片的有机计算机，之后，再发展到借助遗传工程技术，在分子范围内使计算机自我复制、自我组装。这时的机器人将具备高度的人工智能，能遵照人类的旨意完成各项任务。

因此，我们可以进一步假设，外星人已经掌握了计算机自我复制的技术。而且，由于科学技术的高度发展，外星人的寿命比人类的长。即使如此，外星人欲到其他星球去探索，仍将受到生老病死的限制，因此他们将委派机器人执行任务。

机器人从外星人居住地驾驶特殊飞行器出发，经过长途跋涉到达某个恒星系，并在那儿的行星上逗留，寻找智慧生物的踪迹，建立中转站，如果没有发现，再乘飞行器飞向另一个恒星系。就这样一步步地调查，并随时将有关信息传递回去。由于机器人具有自我复制功能，因此能够自行修复，不存在机体损坏、智能衰退等弊病，而且能够产生新的机器人，它们或者留在中转站工作，或者开发行星再建造飞行器。

由此可见，当我们地球上接收外星人的讯息的时候，可能就是由这些正在工作着的机器人向大本营传递信息或相互之间进行联络呢。

1990 年 4 月 24 日，美国发射了著名的"哈勃太空望远镜"，这个耗资 15 亿美元的太空望远镜是用来探索宇宙起源的，它的观测距离可达 120 亿至 140 亿光年，而目前地球上最好的太空望远镜只能观测到 20 亿光年距离的天体。

一位名叫海登·福斯特的高级飞碟专家说："无可置疑，这些外星人

将我们对天体的观察看成是向他们领地进攻和最终攻占领地的第一步。因此,他们想将隐患扼杀在萌芽状态。"

哈勃望远镜在进入轨道不久,即发送回一组不明飞行物群朝地球飞来的照片。尽管美国政府最高层下令保持缄默,但是太空总署的几位高级官员还是证明了确有其事。

该望远镜共发现43架不明飞行物,它们编排成队朝地球飞来。一位不愿透露姓名的发射任务控制专家说:"我们正想开始观察星系的不同部分,并试验望远镜各种设备工作情况时,突然发现43道强光,它们排列成三角形,情况十分恐怖。"这些不明飞行物形似铁钉,排成进攻队形,好像准备进行战斗一样。专家们估计,它们的飞行速度非常快,如果照这样的速度飞行,用不了一年便能到达地球。但是有一点,就是还不敢肯定这些不明飞行物就是冲地球而来。假如是,它们的目的是什么?它们又从何而来呢?

月球之谜

    美国和前苏联的宇宙飞船几次拜访月球，带回了月球背面的照片和其他资料，并采集了月球石块和月球尘土，但科学家还是无法解开有关月球之谜。今天的月球，依然是一个充满奥秘的地球卫星。

    1969 年 7 月，美国"阿波罗 11 号"太空船从宁静的月海中，采集了55 磅石块和尘土，科学家对月球石块进行了观察和分析。初看之下，它们很像地球上的寻常石块。但用显微镜观察，却大有差别。月球上的石块有很多小坑，坑里有一层玻璃质的东西。带回来的月球尘土标本，经化验证明有 50% 的玻璃，多数尖锐、有角、无色。地球上的尘土很少有玻璃。

    研究人员用细菌和植物试验月球尘土，所得结果使人觉得月球更加神秘。他们使细菌接触四类月球尘土标本。其中三种全无影响。但细菌接触下层尘土标本时，即行死亡。这是为什么？科学家至今尚无圆满的解答。

    在植物实验中，月球尘土对蜀黍无明显的影响，但低级的水藻一经接触月球尘土，就像获得"太空肥"一样，长得更绿。这原因何在，实在令科学家们费解。

    目前，科学家对月球的研究已经有了新的突破，他们发现月球石块中含有来自太阳的微粒，以气体形态藏在石块里。这种气体对太阳如何发生作用？今后能支持地球上的生命多久？这至今仍是个谜。

    太空人最初采集的石块估计年龄不超过 30 亿年。但从月球的年龄

看,它们还不算老,最老的石块已达 46 亿年。月球上的石块与地球石块的最大区别在于月球石块从没受到过地球上那种风吹雨打和其他气候变化的侵蚀。太空人带回来的石块,留在月球上已 30 多亿年,却丝毫没有任何变化。

月球,这个充满神秘色彩的星球,留给人类的不仅仅是无穷无尽的遐想。它不是一颗普通的星球,最新研究表明,月球是中空的,有人甚至就说它是一艘巨大的外太空飞船,人类的一举一动都在它的严密监视之下,如果真是这样,地球人还有什么值得骄傲的呢?

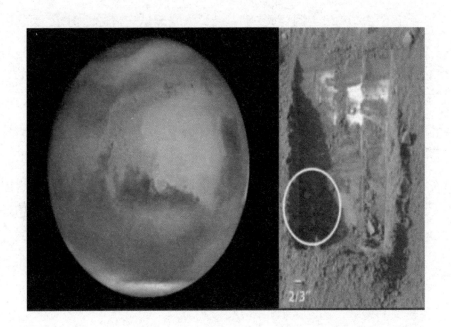

智能生物改造月球

人们最早关注的外星世界首推月球。当人们还不明白月球是地球的卫星的时候，中国就有了"嫦娥奔月"的美丽而动人的传说。但近代科学却告诉人们，月球仅是一个死寂荒凉的世界，它不可能存在生命。

自从16世纪以来，天文学家们就记下了许多有关月球的令人不解的现象，特别是20世纪60年代以来，人们不仅发射了许多宇宙探测器对月球进行探测、拍照，而且地球人还亲自登上了月球。人们终于发现了月球的许多秘密，不得不重新认识月球。

1969年7月至1972年12月，在美国执行"阿波罗"登月计划的过程中，宇航员拍下了一些月面环形山的照片，从这些照片上看，环形山上分明留有"人工改造过"的痕迹。

例如，在戈克莱纽斯环形山的内部，可以看出有一个直角，每个边长为25公里；在地面及环壁上，还有明显的整修痕迹。更为独特的是另一座环形山，它的边缘平滑，过于完整；环内呈几何图形，有仿佛是划出来的平分线，在圆周的几何中心部位，有墙壁及其投影。该山外侧有一倾斜的坡面，其形状有如完整的正方形，在正方形内有一个十字，把正方形等分成对称的各部分。

其实，有关月球的多种令人不解的现象，在近200年间人类对月球的观测的过程中，已被陆续发现。

1821年底，约翰·赫谢尔爵士发现月球上有来历不明的光点。他说，

这光点是同月球一起运动着,因而它绝不可能是什么星星。

1869 年 8 月 7 日, 美国伊利诺斯州的斯威夫特教授与欧洲的两位学者希纳斯和森特海叶尔,观察到有一些物体穿越了月球,发现"它们仿佛是以平行直线的队形前进的"。

1867 年被天文学界宣布消失的静海的林奈环形山,在原消失地竟出现了一个白色的直径达 7 公里的奇异光环。有的学者提出,这种情形可能意味着什么透明物质覆盖了某种基地。 1874 年 4 月 24 日, 布拉格的斯切·里克教授,观察到一个闪着白光的不明物体缓缓地穿过了月球,并从那里飞出。

1877 年 11 月 23 日夜晚, 英国的克来因博士和美国的一批天文学家,惊愕地看到一些光点从其他环形山集中到柏拉图环形山中,这些光点穿越了柏拉图环形山的外壁,在山的内部会齐,并且排列成一个巨大的发光三角形。看来很像某种信号的图案。

1910 年 11 月 26 日发生日食时, 法国和英国的科学家分别观测到"有一个发光的物体从月球出发","月亮上有一个光斑"。据当年观测者的描述,日食过程中月亮上出现的物体形似现代的火箭。

1953 年 12 月 21 日, 英国天文协会月球部主任威尔金斯博士在广播谈话中透露,在月面的危海地区观察到了大量的"圆屋顶"。这些半圆形的"建筑物"呈耀眼的白色,它们中最小的直径也有 3 公里。

莫杰维耶夫博士说:"我们完全不明白这是怎么回事, 而我们也相信美国方面也和我们一样,无法解释这件事。"

唯一的推测,就是活动在地球之外的超级智能力量支配的美制轰炸机在月球上的出现与隐没。更多的线索,可能是为地球上的人们所想像不到的。

围绕地球卫星——月球出现的一系列无法解释的现象,已使科学

界中的有识之士警觉到:地外智能力量正在"使用"月球。

宇宙飞船月球轨道2号在静海(月球上的平原)上空49公里高度拍照到月面上有方尖石。美国科学专栏作家桑德森指出,(这些)方尖石的底座宽度为15米,高为12~22米,甚至有可能达到40米。法国亚历山大·阿勃拉莫夫博士对这些方尖石的分布作了详细的研究,他计算了方尖的角度,指出石头的布局是一个"埃及三角形"。他认为,这些东西在月球表面的分布很像开罗附近吉泽金字塔的分布……方尖石上许多"侵蚀"产生的几何图形线索,不可能都是"自然界"的产物,在静海的方尖石照片上人们发现了极其正规的长方形图案。

"阿波罗11号"在执行计划期间,阿姆斯特朗在回答休斯敦指挥中心的问题时吃惊地说:"……这些东西大得惊人!天哪!简直难以置信。我要告诉你们,那里有其他的宇宙飞船,它们排列在火山口的另一侧,它们在月球上,它们在注视着我们……"到此无线电波突然中断,美国地面无线电爱好者也只抄报到这里。那么,阿姆斯特朗看见了什么呢?美国宇航局再没有解释。

"阿波罗15号"飞行期间,斯科特和欧文再度踏上月球。在地球上的沃登十分吃惊地听到(录音机同时录到)一个很长的哨声,随着声调的变化,传出了由20个字组成的一句重复多遍的话,这陌生的发自月球的语言切断了同休斯敦的一切通讯联系。此事至今还是一个未解开的谜。

宇航员柯林斯曾独自到月球轨道上飞行,他见到的一些月面痕迹使他大为吃惊。迄今为止,没有解释。

关于月球存在的智能活动的另一种观点是,月球是空心的。当美国"阿波罗11号"宇宙飞船1969年7月21日在月球登陆成功以后,不少月岩标本被带回到地球上来,对这些样品的分析结果使人吃惊。前苏联

天体物理学家瓦西尼和晓巴科夫撰文说:"月亮可能是外星人的产物,15亿年来,它一直是他们的宇航站。月亮是空心的,在它荒漠的表面下存在着一个极为先进的文明。"

阿波罗计划进行中,当2号宇航员回到指令舱3小时后,"无畏号"登月舱突然坠毁于月球的表面。设置在距坠毁处45英里的地震记录仪记录到了持续15分钟的震荡声。声音越传越远,慢慢地减弱,先后共延续了半个小时。这种无线电震荡,好像一只巨大的钟发出的声音,如果月球是实心的,那么这声音只会延续一分钟。这一现象摈弃了有关科学已完全认识了月亮的构成和月球的性质的理论和假设。我们的月球可能是空心的。

外星人的宇宙飞船

高速飞行器械是现代人的发明吗?按照常识,这个问题的答案应该是肯定的,但是,考古学家的发现却让我们对这个问题感到迷惑起来了。因为,考古发现,古人不但能够造飞行器械,还能造宇宙飞船,这究竟是怎么一回事呢?

近年来,人们根据印度古文献竟然仿造出了飞行速度达 5700 公里/小时的飞船! 当然,从现代科技的角度去看,也许这并不算什么,但是,这份文献却是从一座倒塌的史前时代的庙宇地下室中发现的,它是一份以古代梵文木简写成的资料。而这种飞船就是大名鼎鼎的"战神之车"。

这份资料以 6000 行的篇幅,详细记载了"战神之车"飞船的构造、驱动方式、制造飞船的原料乃至飞行员的训练与服装等众多细节。据记载,"战神之车"的飞行速度,如换算成现代计算单位应为每小时 5700公里。事实上也的确是这样。

也就是说,当人类发明了火车、飞机、飞船并陶醉在自己的发明之中的时候,他们根本就没有想到,早在几千年前,这些看来非常现代的工具就可能已经存在了,这真让科学家们尴尬了一回。

说起"战神之车",还要从印度南部的古城甘吉布勒姆说起,这里有424 座神庙。据说最多时曾达到 1000 座,这座城市也当之无愧地被称为"寺庙之城"。在这些神庙中,除了湿婆、毗湿奴、黑天、罗摩等众多古印度的神灵雕像外,还有一种飞船的雕塑。这种飞船被雕成不同样式,上

面刻有众多神话人物,但它们有一个共同的名称——"战神之车"。据说这些飞船就是这些神话人物乘坐的坐骑。如此说来,这些神仙竟不是腾云驾雾,而是坐上了先进的飞船。看来,科幻片中的那些神秘的人物也不是无迹可寻的了。

研究者们发现,"战神之车"是一种多重结构的飞船,这种飞船装备了绝缘装置、电子装置、抽气装置、螺旋翼、避雷针,以及安装在飞船尾部的喷焰式发动机。文献中多次指明飞船呈金字塔形,顶端覆盖着透明的盖子。这些简直就像传说中的飞碟一样。

那份文献是1943年印度南部的迈索尔市梵语图书馆从一座倒塌的庙宇地下室中发现的。它的发现使得这些神话故事开始变得更加扑朔迷离了,究竟这些人是神话人物还是真实人物?究竟这种飞船是地球人所造还是外星人所造?一连串的问题开始冲击现代科学,科学家们也无法阻挡了。

奇怪的是,这份文献中还记载着驾驶方法,也就是说早在史前时代,在印度这个地方,就有了飞船和飞船驾驶员,这样看来,人类的科技真像魔鬼一样神奇。

当然,众多的事实已经证明了人类科技的发展是从当代和现代才开始的,那么,对古印度的飞船就只有一种解释看上去显得合理一点,那就是这些飞船根本就不是人类所造。也许那时的人们看到了一个这样的飞船,而这个飞船却是外星人乘坐着到地球上来考察的,然后当地人根据这个也许被外星人废弃了的飞船仿造出了其他的飞船,那些外星人也便被他们当成了神仙一样供奉起来了。

不过,假如真是这样的话,文献中为什么不对这种事情做一下解释呢?看来,这也只能是推测罢了。

古地图之谜

在现代科学技术远未出现、人类社会处于懵懂时期的古代社会,是谁绘制出了令人叹为观止的地图?那些地图覆盖面广,不仅有不毛之地的非洲沙漠,而且有至今人迹罕至的南极洲。同时,它的绘制也准确细致,美妙绝伦,其质量直追今天人们借助于飞机、卫星所绘制的地图。以致美国新罕布什尔州立凯恩大学的科学史专家、地球运行学权威查尔士·H.哈布古脱教授把"古地图之谜"列为世界上的重大奇谜之一。

这些地图是怎么进入人们视野的呢?

古地图原来是由土耳其奥斯曼帝国海军舰队司令比瑞·雷斯收藏着,其中有的是古人复制、临摹而成的,有的是他亲笔绘制的。18世纪初在土耳其伊斯坦布尔的托普卡比宫发现了它们,才使之公布于世,只是在当时还没有引起多大的轰动。

直到20世纪40年代,这些神奇的地图才激发出科学家们浓厚的研究兴趣。

美国的一位著名地图学家俄林敦·H.麦勒瑞对古地图进行了细致的研究。研究发现,地图上的所有地理资料都是真实存在的,并非古人的主观臆断。之后,麦勒瑞与美国海军水文局制图员俄勒特尔合作,进行了更加深入的研究。他们绘制了坐标,对古地图和现代地球仪进行对比研究。研究结果证实这地图是准确可信的。

1957年,古地图被送到美国海军制图专家、休斯敦天文台主任汉南

姆那里。经过全面研究进一步证实,这些地图不仅准确异常,而且覆盖面广,甚至包括今天人们很少考察或根本就没有到过的地方。

"古地图之谜"之所以被称为奇迹,有三个方面令人费解:

其一,凭着当时的科技水平,古代人怎么能绘制出南极洲的图形?

南极洲是目前地球上唯一无人居住的一个大洲,气候条件十分恶劣,常年天寒地冻,风雪肆虐。至少18世纪之前,人们根本不知它的存在,更谈不上有人涉足。因为在这之前,任何人都不可能有机会一窥南极的真面目。

然而,古地图不仅绘制了南极洲的地形真貌,而且既清楚,又准确。更不可思议的是,地图上标明了南极洲的冰层厚达1880米,最厚的地方达4500米。冰层下的山脉到底有多高,现代人直到1952年利用地震波才探测到,而古地图上却已经非常清楚地绘出了山脉,而且准确地标上了高度。

其二,古代人对北部欧洲地形进行了比今人更详尽的考察,绘制了精确度高到令现代人难以置信的"泽诺地图"。

地图上的挪威、瑞典、丹麦、德国、苏格兰等地,以及一些岛屿,其经纬度都非常准确。地图还标明了格陵兰岛冰层下的山脉、河流。1947—1949年法国北极探险队对格陵兰岛的实地考察证明了地图的正确性,令现代人汗颜的是这次考察还不如古地图完备详尽。

其三,没有空中测绘技术和设备,古人怎能完成那些地图的绘制?难道他们能飞吗?

对两块绘于1513年和1528年的地图残片的分析,发现它们竟然与第二次世界大战中美国空军采用正矩方位作图法绘制的军用地图非常相似,经核对,它们与在北非上空绘制的地形几乎完全吻合。地图上的南极洲与从宇宙飞船上所拍摄的照片竟然如出一辙。

面对这些匪夷所思的问题,人们不由得有此疑问:今人的智慧就一定比古人高吗?

UFO 越查越神秘

　　UFO 是指不明飞行物体，又称飞碟，最普遍的一种说法是"飞碟是外星人往来地球的交通工具"。世界上许多国家都十分关注飞碟现象，都曾调动人力物力加以研究。

　　美国在飞碟研究方面最为积极，调派一流科学家负责研究和追踪，花了数亿美元。但令人遗憾的是，UFO 之谜不仅未能解开，在科学家看来，UFO 反而越发神秘了。

　　美国国家安全局 2001 年 8 月在网上公开的资料引起了全世界飞碟研究专家和飞碟爱好者的浓厚兴趣。他们分析认为，这次公开的资料不可能是全部资料，它只是美国国家安全局有关 UFO 档案的极小一部分，许多飞碟秘密由于涉及太空探索计划，美国是不会随便公开的。但即便如此，这些新公开的资料在飞碟研究专家看来，已经弥足珍贵，看到这样的资料，在几年前还是他们连想都不敢想的事。

　　在国家安全局数以万计的秘密档案中，UFO 档案最特殊也是最具争议性的。此档案称为"蓝皮书计划"，历年累积的资料和研究报告，据说已超过 15 万页！当然这些所谓的研究报告可能是一堆废纸，一文不值，也可能是统治世界的秘密所在。这只有国家安全局自己心里有数。

　　UFO 的出现已有数百年甚至上千年的历史。据史料记载，美国南北战争的英雄格兰特曾经遭遇 UFO。当时他不明白这到底是种什么飞行器，于是下令朝 UFO 猛烈开火。不可思议的是，格兰特没有把 UFO 打下

来,反而把自己给打趴下了。事后身体严重不适,只好卧床休养数日。

格兰特一直记挂着UFO。他于1869年当选美国第18任总统。刚一上任,便批示陆军部长罗林斯:一旦发现UFO,务必设法把它打下来,看看UFO到底是什么玩意儿。

然而,罗林斯不仅没有完成格兰特的神秘使命,UFO反而越打越多。第二次世界大战后,UFO出现次数大增,美国空军于1948年成立了UFO小组,收集资料存档。美国国防部于1949年成立,负责管理该档案,1952年国家安全局成立,接管"蓝皮书计划"。

据国家安全局这次公开的资料,从1948年到1958年,美国录得全球UFO出现次数为6060次,引起科学家的莫大兴趣,这更坚定了美国政府查清UFO的决心。

杜鲁门总统是个不折不扣的飞碟迷。也许是UFO捉弄杜鲁门,他就任总统后,怪事便接连出现。先是发生所谓的"外星人出现"事件,UFO强力磁场影响到无线电广播及雷达;后来又有人声称目击UFO坠毁,搜索人员在出事地点真的发现了金属碎片,经化验后证实是纯度极高的镁,镁和铝合金是制造飞机的主要材料。一连串的事件弄得杜鲁门心头发痒,他要求成立科学委员会,把UFO查个水落石出。可是,UFO还是越查越多,越查越神秘。从1958年到1968年,又录得6558次UFO事件。1968年,约翰逊总统批准由著名物理学家康登领导30多名科学家研究和追踪UFO。康登是美国原子弹之父奥本海默的助手,是原子弹功臣之一。

面对越来越多的目击UFO事件,美国空军科学研究办公室于1966年决定扩大UFO研究计划,由科罗拉多大学个体负责,康登率领37名科学家对不明飞行物体进行深入研究和分析,包括检查雷达站资料、照片和侦察监听站的情报。

美国最早期宇航员之一的库珀宣称,他见过飞碟,并指出美国政府

隐瞒了外星人飞船前来地球的事实。他认为国家安全局拥有很重要且有价值的 UFO 档案,其中涉及有人以不同方式接触过 UFO,互通信息。

外星文明之说,众说纷纭,即使现在仍有理由相信,神秘的地外文明是人类的祖先,这种文明与外星和外太空有直接关系。

遭遇飞碟

1879年5月15日，"兀鹰号"轮船全体船员看到两个直径约一百三十尺的"巨大光轮"在波斯湾上空旋转，然后慢慢落入水中。次年5月，英国东印度公司汽轮"派脱纳"号在同一地区看到类似的光轮，四周的海域同时出现磷光。

多年后，又屡次传出类似的消息。1901年4月10日下午八点半，"基尔瓦号"上的人在波斯湾见到一个旋转的巨轮。1906年，一艘英国汽船报称在阿曼湾见到一个巨轮。1909年，一名丹麦船长在南中国海见到类似现象。船长说，轮子大部分在水面之上，只有小部分没入水中。它闪闪发光，还有轮声。1910年8月，荷兰汽船"瓦兰汀号"在南中国海见到另一个光轮，像个平放于海面的碟形光体。

有人认为，这些在海上出现的光轮来自大海，也许是可以潜水的太空船。

1883年8月12日早上，墨西哥沙卡塔卡天文台台长邦尼亚，正在观察太阳黑子，无意中发现一个小型光体横过日轮，连忙拍了一张照片。他刚拍完照，就看到一连串类似的物体，单独、成双，甚至十五至二十个不等循着同一方向横过日轮，彼此相距不远。在两小时里面，他数到238个物体，大部分都拍得照片为证。在耀目的日光中，这些物体多数呈深色或黑色，但邦尼亚说，物体越过日轮时，都喷出"灿烂的光尾"。次日上午八时到九时四十五分，邦尼亚又在观察太阳，这回他看到另外

116 个类似的不明物体。他于是向墨西哥其他天文台查问，却没有人看到这种奇异的物体。

当时一些科学界人士认为这些物体可能是上层大气的昆虫、鸟类或尘埃，但这个解释颇为牵强。邦尼亚始终相信这些神秘物体"在接近地球的太空飞行，比月球还近"。

中国早在清朝时就曾发现不明飞行物体，清末吴友如画的《赤焰腾空图》，描绘南京朱雀桥上有许多人仰观高空中光芒四射的卵形"赤焰"的情景，据推断大概是 1890—1892 年之间的某一年 9 月 28 日晚间八点钟：

"金陵城南隅，忽见火球一团，自西而东，形如巨卵，色红而无光，飘荡半空，其行甚缓。准时浮云蔽空，天色昏暗，举头仰视，甚觉分明。立朱雀桥上翘首足者不下数百人。约一炊许，渐渐渐减。有谓流星过境者，然星之驰也，瞬间即杳，此球自近而远，自有而无，甚属濡滞，则非星驰可知。有谓儿童放天灯者，是夜风向北吹，此球转向东去，则非天灯又可知。众口纷纭，穷于推测。有一叟云，是物初起时，微觉有声，非静听之不关也，系由南门外腾越而来者嘻异矣。"

吴氏在上述说明中，非常具体地描述了这个不明飞行物体的形状与特征，显示"火球"与近年时有报道的不明飞行物体，颇有相似的地方。说明的下半部分详细地分析这个奇象，指出那不是流星或小孩所放的天灯，而是不明飞行物体，可见吴氏对自然事物的观察与分析，有其细密独到之处。

1951 年八九月间，一连串夜空光体在美国得克萨斯州拉巴克附近出现，其中一些外形像普通的有翼"飞行器"。看到光体的有好几百人，有一个还照了相为证。雷达也录得光体的踪迹。

不明物体首先于 1951 年 8 月 25 日黄昏出现。原子能委员会一名雇员和他的妻子在新墨西哥州亚布杜尔格报称，见到一个巨大翼状不明飞行物体掠过上空，后缘发出青光。他们说物体的高度只有八百至一千尺，"机翼"后掠，大小约为 B-36 型飞机的一倍半，从头到尾有条条黑纹，"翼灯"发出柔和的蓝绿光。

同日黄昏稍晚，几名大学教授在得克萨斯州拉巴克一幢房子的门廊间坐着，看见构成像半圆形的一些光体从头顶迅速掠过。几小时后，光体再次出现，原来是一些发出柔和青光的物体，比第一次出现时散得较开。当晚，拉巴克的一名妇人也见到一架背部发蓝光的巨型"翼状"飞行器，静悄悄地从她屋顶飞过。她是在上述亚布杜尔格事件过后几分钟报告这件事的，因此不可能知道那里刚发生了类似的事情。

接着的两个星期，这些迅速移动的光体再在拉巴克出现了几次。目击者都说光体总在北方地平线上约四十五度处出现，通常只需三秒时间就穿过九十度的天空，然后在南方地平线上约四十五度处消失。目击者中有一位是物理学教授乔奇博士，对大气进行过广泛研究。他与其他教授一样，对所见情况无法作出科学解释。

业余摄影师小哈脱在这年 8 月 31 日拍摄到的光体，可能也是同类物体。当地报纸曾发表小哈脱的一张照片，显示夜空中一连串排列成"V"字形的圆盘形物体。

空军总部对拉巴克夜空光体作了全面调查，但无法提出满意解释。小哈脱的底片已证明不是伪造的。此外，几十名目击者也证实确有柔和的蓝光从地平线一边飞向另一边，有时排成"V"字形，或三三两两，或好几十个。

1950 年 5 月 11 日，特兰脱夫妇在俄勒冈州拍到一个奇异的盘形物体的照片。这两张照片都清晰可辨，而且经过详细研究，证实是可靠的，

因此对研究不明飞行物体极其重要。舆论一致认为,特兰脱夫妇的确亲眼看到异物。

特兰脱夫妇在俄勒冈州麦克民维镇自己农场见到的物体,是"一个像大垃圾桶盖的怪东西,弧形边缘之上还有一处凸形的地方"。特兰脱说那个飞行物体"像擦亮的银器般闪闪发光,既不发声,也不冒烟气。几分钟后它向西北飞去,在地平线上消失"。特兰脱是在黄昏时分见到的,估计其直径约30尺,出现时起初飞得很慢,似乎没有旋转。

1966年1月19日上午9时,澳洲北昆士兰一名种香蕉的人皮特莱,驾着拖拉机穿过一片甘蔗田时,看到一艘"太空船"从前面约26码外的马蹄铁环礁湖升起。他说船呈蓝灰色,宽约25尺,高9尺。他还说:

"它垂直上升到60尺左右,一边上升,一边以惊人速度旋转,然后略略俯冲,再陡地攀升,向西南方飞去,移动神速。数秒钟后即已消失无踪。"

皮特莱连忙跑过去观察发现不明飞行物体的地方,见到一个直径约30尺的下陷圆形地区,其上的芦草倒入水中,已经枯死了,循着顺时针方向盘绕,好像给什么强大的旋转力搅动过一样。

皮特莱后来说,不明飞行物体离开后,他在那圆"巢"周围闻到一股硫磺味。

调查下陷的圆形地区,发现其中芦草厚9寸,都给连根拔出,浮在5尺的水里。"巢"底下有三个大洞,可能是"着陆造成的凹痕"。后来,在离这个"巢"仅25码处,又发现两个类似的"巢"。

官方的报告认为,"巢"是"汹涌的湍流造成的"。每年此时在北昆士兰常见的雷暴,都可能带来这种湍流。

1971年11月2日黄昏,美国堪萨斯州德尔福斯附近,16岁少年约翰逊携牧羊犬散步,突然看到一个色彩斑斓的蘑菇形物体,在距地面不足2尺处盘旋,离他只有25码。约翰逊估计它的直径约为9尺,发出像

"旧洗衣机振动"的声音。接着它的底部射出一强光，照得约翰逊什么也看不见，然后飞走。几分钟后，约翰逊恢复了视觉，跑回家告诉父母，一家人赶到外面，都说看到物体，"那时它已在高空"，后来消失了。

在不明飞行物体盘旋的地方，这三名目击者发现"地上有一个发光的环形印痕"，周围的树木也有一部分发光，光滑坚硬，像结了晶似的。身为护士的约翰逊太太说，她摸过不明物体留下的印痕后，"手指好像给局部麻醉了一样"，麻木了两星期。一个月后下过雪，地上的雪融了，只有环形印痕上的雪没融掉，印痕仍呈白色。检查后，发现印痕底下的泥土已变得不透水，而且是"干巴巴的，干土至少有一米深"。取自印痕范围之内的泥土样品，含有大量诺卡氏菌。这种原始生物常与一种有时发荧光的真菌共生，如果不明飞行物体发出的能量刺激这种真菌同时生长，即可解释那环形印痕何以发光。

在事发后的两个多星期里，每天黄昏，羊只都会跳出羊栏惊跑。约翰逊的狗一到日落时分必定要走进屋里。约翰逊也感到眼睛不适，不时头痛，而且噩梦连连，每次都从梦中惊醒。

威斯康辛州鹰河镇管道师傅西蒙通，据称白天从外来客手中得到四片"薄煎饼"。1961 年 4 月 18 日，西蒙通在家中院子里听到一种像凹凸不平的轮胎在地上滚过的声音，接着看见一个银色盘形物体，离地只有几英寸。他走上前去看看，见物体一扇 6 尺高的小门打开了，有 3 个"人"在里面。其中一人递给西蒙通一只银壶，打手势表示要水。西蒙通将装满水的壶递了回去。他看到一个人在一座不见有火的炉子上"煮食"，旁边有一堆麻花孔小圆饼似的东西。他打手势表示想要一个，其中一个便拿了 4 个给他。然后，不明飞行物以 40 度角飞走，掀起了一阵狂风，把近处的松树都吹弯了。西蒙通吃了一个饼，觉得"如嚼硬纸板"。他留起一个，把剩下两个给了研究不明飞行物的团体。西北大学的研究小

组把饼化验后,发现它含有面粉、糖和脂肪。

后来,美国五角大楼发布了一条惊人消息,自从二战后北约和华约两大军事集团对峙以来,在美国与其盟国的多次军事演习中,都曾发现有不明飞行物在跟踪,美军指挥官曾多次下令将其击落,但奇怪的是,飞机一飞到接近射程范围就飞不进去了,有一股莫名其妙的冲击波将其挡在外面。有几次甚至发生机毁人亡的惨剧。无独有偶的是,在前苏联与其他华约国家的军事演习中,也遇到过类似的情况,双方都以为那是对方的新式武器而惶惶不可终日,并把这些接触事件列为高度机密。

后来,俄罗斯当局公布了发生在 1962 年 6 月的"绝密材料"。在那次事件中,两名前苏联宇航员在太空飞行中神秘失踪。

在当时,前苏联的宇航技术领先于美国,因此,每当苏联宇宙飞船升空时,北约集团就感到忐忑不安,并在几乎所有盟国中设立了监听站,据来自前西德、法国和意大利等国的监听站人员的报告,从他们监听到的两名前苏联宇航员向地面站的报告中,清清楚楚听到了宇航员说在船舱的窗外看到了一个发亮的不明物体,但几秒后对话就中断了,事后西方国家的报纸纷纷报道此事,但前苏联当局对此不作任何评述,既不否认,也不承认,直到后来俄罗斯当局公布真相后,才知道两名宇航员在汇报了两句话后就连同宇宙飞船一起莫名其妙地失踪了。

此后几年,美国在宇航事业的发展过程中,也曾多次遭到不明飞行物的跟踪,曾任美国国家航空和宇航局通讯处主任的物理学家莫里斯·查特说:"美国的所有'双子座'和'阿波罗'宇宙飞船在飞行时都曾遭到外星宇宙飞船的跟踪。"

神奇地表图画

　　普拉东村是英国威尔士托贝利东北约 5 公里处的一个小村庄,村子附近有一个石灰岩质的斜坡,坡上分布着一些巨大的地面雕刻塑像,这些神奇的图像或是威武的巨人,或是站立着的骏马,但其中最为著名的就是"普拉东白马"。

　　"普拉东白马"形体高大,姿态安详,在绿色的衬托下,它那雪白的身躯显得更加晶莹纯洁,犹如奔腾急驰之后在山坡上恬静漫步。

　　在欣赏之余,你是否想到这是何人所雕?为什么是在斜坡上?它究竟意味着什么呢?

　　人们普遍认为,公元前 878 年阿尔费兰德皇帝在征服了大半个英格兰之后,为了纪念他的辉煌战绩而下令雕刻"普拉东白马"。事实果真是这样吗?既然白马是皇帝下令所雕,那么为什么没有皇帝本人骑在马上的形象。

　　也有人说这白马应为年代更早的凯尔特族人的雕刻品,因为游牧的凯尔特族人对马怀有特殊的感情。况且,在普拉东附近也确实存在他们的居留地。这种说法听起来似乎有些根据,然而它难以解释其他图像所代表的意义。

　　还有人发现这匹白马的形状和铁器时代初期铸造在钱币上的马的形状相似,因此他们断定这应是那个时期的作品。

　　不论科学家们怎样争论,这匹神秘的"普拉东白马"依旧以它独有

的姿态吸引着外来的游人。

在这里，像这样一些巨大的、只能在远距离或高空欣赏的地表图画还有很多。"威尔明顿巨人"就是其中之一。它身高70多米，双手各握一根长70多米的大棒，面部只有轮廓，没有鼻子、眼睛，显得神秘莫测。还有一位更为神奇的巨人，每年5月1日清晨的第一缕阳光总是准确地照射在巨人的下体上，显示着令人费解的内涵。这个巨人身高50多米，右手同样握着一根长达几十米的粗棒。

至此，我们不禁再次追问，这样神奇的图像是人工修建的吗？修建的目的又是什么呢？难道是地球人类在向"天外来客"展示地面目标？还是"天外来客"们在此留下的与地球人类交流的一种方式？

虽然人们经过长期的勘察、考证和争辩，至今也没有一个满意的答案。这些图像呈现给人们的，依旧是一脸的困惑，一个解不开的谜团。

历史上的 UFO

　　60多年来,罗斯韦尔似乎就是飞碟和外星人的同义词。相关的各种报道多如牛毛,但其内容却总是显得扑朔迷离。

　　1947年7月3日的一个早晨,农场主布雷泽尔发现,在一个放羊的牧场上,散落着一些样子奇特的金属碎片。据他说,碎片用刀切不开,用火点不着。布雷泽尔把碎片交给了郡警察局局长,局长又转交给罗斯韦尔陆军航空基地的官员。第二天,布雷泽尔带领两名情报官员来到碎片散落的农场。他们用了整整一天时间捡拾这些碎块,然后带回罗斯韦尔。马赛尔在把碎片交给基地司令威廉·H.布兰查德上校后,上校立即召见了基地的对外联络官、直接参与这次事件有限的几个人员之一的沃尔特·C.豪特中尉,并让其发一个新闻稿。1947年7月8日上午10点半左右,豪特把新闻稿送到当地的报社和电台。当天的《罗斯韦尔每日记录》就在头版刊出了醒目的大标题——"罗斯韦尔陆军航空兵在罗斯韦尔地区的农场捕获到飞碟"。之后,豪特马上陷入了应付世界各地电话的繁忙之中。UFO的大量出现,不仅引起美国军方人士的高度重视,事实上世界许多国家的军政要人同样关心着UFO。鉴于此,联合国大会就天外不明飞行物访问地球一事举行了听证会。1971年11月8日,在联大第一小组会议上,乌干达驻联合国大使宾古拉先生曾作如下发言:"在不远的将来,当我们人类进入了宇宙与外星人进行接触时,完全有可能因为某些突发性事件而引起一场战争。这种危险性随时都存在。这不仅仅是某一个大国的问题,

它与全人类的命运密切相关。现在虽然很多国家的政府都对 UFO 持否定态度，但在美、英、法、苏以及其他一些国家的科学家中，的确有很多人认为 UFO 是其他星球飞往地球的宇宙飞船，他们因此而深感忧虑。我认为，UFO 问题，应当成为联大的议论题……"

1976 年 10 月 7 日，在第 31 届联大会议上，格林纳达的哥利首相也对 UFO 的问题作过发言，他说："地球是人类共有的产物，知识也是人类共同的利益，因此，应当彼此分享。然而，在某国的档案库里，却隐藏着证明 UFO 存在的情报材料。尽管某国口口声声强调说由于军事上的原因需要保密，但实际上，它却是关系到地球以外宇宙其他星球是否存在生命的重大问题。不管这些问题有多么惊人、可怕，我相信，地球人类已经充分做好了接受它的思想准备。"这里的"某国"显然是指美国。事实也确实如此，美国政府掌握着最能说明事实真相的、世人无从得知的、数以百计的关于 UFO 的档案材料。后来发现的事实充分证明了这一点。1978年，联合国第 33 届大会终于通过了格林纳达政府提出的有关 UFO 的决定草案，但它实际上却无法执行。 1977 年 9 月 21 日，美国亚利桑那州菲尼克斯市的 UFO 研究团体 GSW 的成员，以《情报自由化法》为依据起诉美国中央情报局。在审判中，由于 GSW 会长威廉斯波于先生、彼德翟凯尔先生以及纽约著名辩护律师彼得卡斯坦恩的共同努力，联邦法院终于在 1978 年 9 月宣布美国中央情报局败诉，并命令中央情报局公开有关 UFO 的绝密文件。1978 年，美国中央情报局公开了以往矢口否认的 UFO 绝密文件达 935 页！当然，中央情报局掌握的关于 UFO 的资料绝不止此数，那些涉及重大内容的 UFO 文件至今仍处于绝密之中。

1978 年底，在澳大利亚和新西兰上空常有不明飞行物出现，威灵顿空中交通调度也看到不明飞行物以异常快的速度在空中兜着圈子，时间长达 3 个小时。为了弄清事实真相，以墨尔本电台记者弗加梯为首的

一个电视摄制小组,决心驾机拍摄飞碟照片。他们登上了一架平时往返于威灵顿和新西兰布莱海姆城之间传送信函报纸的喷气式飞机。机长彼尔·斯达托波当飞机驾驶员已 23 年,几天前他在库克海峡上空看到过一群闪烁着强光的碟状飞行物。现在他载着这个电视摄制小组飞往那儿,他们又看到了一群不明飞行物。32 岁的记者弗加梯说:"在我们前方 50 公里左右发现了一个光芒刺眼的白色火球,它的底部射出明亮的光,周身有几条橘黄色的圆环。"摄影师大卫·克莱特开始拍摄,他的妻子同时打开了音响录制设备。后来他们注意到,在这个大的不明飞行物四周还有好几个小的飞行物,它们以不可思议的方式移动着,似乎被操纵着,但绝不是地球人。斯达托波机长说:"其中一个像巨大的灯球,普通飞机不会有那样的加速度。它离我们大约 18 公里。我们决定再靠近一些。它一会飞到我们上空,一会又飞到下面,后来以惊人的速度向远处飞去。"副驾驶员鲍勃·盖德补充说:"我们观察这些飞行物大约有 20 分钟,似乎是在看频闪灯光。"第二天早晨,这个电视摄制小组检查了所拍的画面。32 岁的纪录片制片人伦纳德·李是电台新闻工作的领导人之一,他说:"这段影片令我战栗,我们意识到我们获得了绝对出众的素材,但是我们决定先不声张,直到影片编辑完成。"这段摄影胶片最后被编辑成可放 7 分钟的影片。影片显示,飞碟成串成簇,一共有 25 个物体,其中一个椭圆形物体带有三条带状物,其中最近的一个飞碟,如同一个巨大的光球。这些物体异常灵活,一会儿跑到飞机上,一会儿又到了飞机下面。影片还显示出其中一个物体像个圆顶,四周有三圈橘红色的明亮环状物。影片在澳大利亚一播出,美国哥伦比亚广播公司就买下了该片在美国的放映权,英国广播公司也买下了拷贝。这部影片在许多国家电视台的新闻节目中放映,引起了人们极大的惊奇和兴趣。这是人类第一次获得职业摄影师拍摄的飞碟影片。但是世界第一流的天体化

学家,墨尔本的英那什大学化学系主任罗纳德·布朗教授却对影片持否定态度,坚持认为"它可能是一次流星陨石雨"。这可气坏了制片人伦纳德·李,他决定带着这部影片到美国去请求 UFO 专家的帮助。伦纳德·李把影片放进手提箱中,把箱子仔细铅封,再用手绢把手提箱拴在手腕上。他于 1979 年 1 月到达美国, 找到了美国空中现象调查委员会的高级官员、海军物理学家布鲁斯·麦克尔比博士。博士同意一个镜头、一个镜头地研究这部影片。麦克尔比博士说:"这部影片的存在对我来说至关重要,有无数个组织机构欢呼雀跃着想看看这部影片。我们终止了其他任何研究工作,来着手这部影片的研究,因为这是人类迄今为止获得的第一手详细的影像资料,值得我们花大力气去研究。"博士花费了数周的时间倾注全部心血来研究这部影片,用电子计算机检查了影片中的某些镜头。在影片中,他看到了一个精确的闪光三角形,估计有一间房子那么大;另一个镜头显示了一个碟形物,其圆形拱顶以惊人的速度飞行。麦克尔比博士认为:"计算机研究无可争议地展示出这些形象不可能是流星陨落,也不可能来自地面和海洋。"

麦克尔比博士还秘密飞往新西兰访问了那些目击者, 还听取了斯达托波机长和空中调度之间的联络录音。那天晚上,调度员在屏幕上发现了这些不明飞行物,他们曾向斯达托波机长询问此事,他们之间的谈话都是录了音的。经过充分的研究和调查,麦克尔比博士终于郑重地宣布了结论:"这部影片和访问目击者的记录是 UFO 研究迈出的重要一步。"美国核物理研究专家和美国空中现象调查委员会的另一位高级官员斯坦顿·弗尔德曼补充说:"我们正在接触的是一起真正的不明飞行物事件。使这次发现变得如此重要的不仅仅是这部影片,而且还有那些有效的附加证据。几乎没有任何关于 UFO 的报告会引起如此高度的重视,研究的数量和质量给人留下了深刻印象。"

UFO在巴西

　　1973年5月22日早上3点，41岁的巴比罗开着车子回家。他是巴西圣保罗州公众图书馆馆员，是有两个女儿的爸爸。那天的天气很不好，下着雨。他以每小时90公里的速度驾车行驶着。为了减少路上的寂寞，他打开了收音机。当汽车接近一个小山坡的时候，收音机突然没有声音了。他开开关关地调试着收音机，就在同时，车子引擎的响声慢了下来。巴比罗立即换成了二档，想增加马力。

　　就在这时，他突然看见车子里有一束明亮的圆形蓝光，直径大约有20公分。这个奇怪的"光"在慢慢地移动，掠过他的工具箱、座位、一个锁着的手提箱(里面有私人文件)、车顶和他的双腿。当这"光"掠过工具箱上面时，巴比罗居然可以透过蓝光看到驾驶室隔开的引擎。巴比罗十分疑惑："为什么月亮有这样奇怪的光学能力呢?"他想起来了，车外正下着雨，而且天空乌云密布，哪有月亮?

　　当他这样想的时候，突然发现有一道明亮的蓝光，从他正要上去的山冈照向他。光源看来迅速地接近他，越来越明亮。他以为是一辆货车，正在迎面驶来，赶紧把车子开到路旁，开亮车灯，以免相撞。然而，这辆"货车"却不顾一切地继续向他接近。为防止意外，他急忙摘下眼镜，俯身在车子里，双手抱住了头。

　　他这样在车子里待了一会儿，发觉这辆"货车"并没有经过，就爬了起来。就在这时，他突然看见在车外约15米远的地方悬着一个离地面

10米左右的物体。巴比罗认为,这一定是一架要降落的直升机。他开始感到闷热和窒息。他想透一下气,于是就开了车门走到车外,但外面还是同样的闷热,令人窒息。

他抬头往上看,听到一阵嗡嗡的声音。这个时候,巴比罗才恍然大悟,他看到的不是一架直升机,而是一个从来没有见过的奇怪物体。这个物体看起来像个两面隆起的盘子,大约有7米半厚,11米宽,其表面呈黑灰色。巴比罗无法更详细地看清楚它。"盘子"的内部异常明亮,但却看不到光源。

巴比罗仍然感到闷热和窒息。他发现有一个"透明的布幕"慢慢地由右至左,把物体包围了起来,当完全包住后,闷热和缺乏空气的感觉消失。与此同时,他看见有一根"管子"从物体底部伸向地面。

巴比罗突然意识到自己可能有危险,就惊慌失措地跑向树林。他急急地奔跑着,足足跑了30米远。这时他觉得有东西在抓他的背,像有个"橡皮套索"围困着他。他奋力挥动着手臂,竭力想挣脱抓着他的东西。但背后并没有什么东西。

巴比罗转过身来,看到背后的车子。那个奇怪的物体还在,有一道"蓝管子似的光柱"从物体底部的边缘射出来,直径大约有20公分。当这道蓝光碰到他的车子时,怪事发生了,他能看到引擎、座椅和整个车子的

内部。他绞尽脑汁也无法理解所看到的现场，由于心情的极度紧张，他昏倒了。

一小时后，有两个年轻人驾车从那里经过，发现巴比罗脸朝下趴在雨地里，他的车子开着前灯，右前门敞开着。想到可能是谋杀案，这两个年轻人赶到警察局，报告了他们的发现。

警察到达现象，发现巴比罗仍然无知觉地躺在雨里。他们发现一张巴西北部公路地图落在车前地上，在车内，巴比罗的手提箱被打开，里面的支票、相片、公文等散落在整个车内，巴比罗身上没有任何伤痕。他们把他翻过身来，巴比罗才逐渐苏醒。

当他镇静下来后，他将发生的事情告诉了警察，并确认地图、支票、公文和照片等本来是锁在手提箱里的，而钥匙一直在他的口袋里。没有任何东西被偷，他的车子也完好无损。

当天下午，巴比罗在医院时，感到后背及臀部轻微发痒。第二天，发痒的地方皮肤开始出现不规则、无痛楚的蓝紫色斑点，在臀部地方的斑点更大而且更明显。不久，这些斑点变成黄色，很像瘀伤。

医学博士在进行了认真的检查之后，肯定巴比罗的心理状态和环境适应力都很正常。经过一系列的化验和分析，在斑点上找不到任何异物，脑电图也很正常。后来，两个催眠组织对巴比罗进行了催眠实验，让他在催眠状态下叙述发生的事情。实验的结果肯定了这个奇怪事件的真实性。

看来宇宙人对人类并没有什么恶意，而是像人类一样，具有探知一切的好奇心。他们掌握的一些手段，如透视的蓝光，是人类所没有掌握的。

"黄泉大道"上的奥秘

"黄泉大道",乍听起来似乎有点像"死亡之路",其实它是美洲著名古城特奥蒂瓦坎的一条纵贯南北的宽阔大道。它之所以有这么奇怪的名字,是因为公元10世纪,最先来到这里的阿兹特克人沿着这条大道进入这座古城时,发现全城空无一人。他们认为大道两旁的建筑都是众神的坟墓,于是就给它起了这个名字。在这条路上隐藏着许多神秘的数字,至今也没有人能够给出一个合理的解释。

1974年,在墨西哥召开的国际美洲人大会上,一位名叫哈列斯顿的人声称,他在特奥蒂瓦坎找到了一个适合其所有建筑和街道的测量单位,该单位长度为1.059米。用这个单位来计算,特奥蒂瓦坎的羽蛇庙、月亮金字塔和太阳金字塔的高度分别是21、42、63个"单位",其比例为1:2:3。

哈列斯顿用此"单位"测量"黄泉大道"两侧的神庙和金字塔遗址,发现了一个更为惊人的情况:"黄泉大道"上这两者之间的距离,恰好表示着太阳系行星的轨道数据。在"城堡"周围的神庙废墟中,地球和太阳的距离为96个"单位",水星为36,金星为72,火星为144。

在"城堡"背后有一条特奥蒂瓦坎人挖掘的运河,这条运河距"城堡"的中轴线为288个"单位",正好是火星和木星之间小行星带的距离。还有一座无名神庙废墟距中轴线为288个"单位",这相当于从太阳到木星的距离。再过945个"单位",又有一座神庙遗址,这是土星到太

阳的距离,再走1845个"单位"就到了"黄泉大道"的尽头——月亮金字塔的中心,这恰恰是天王星的轨道数据。如果将"黄泉大道"直线延长,就到了塞罗戈多山山顶,那里有一座小神庙和一座塔的遗址,地基仍在。它们与"城堡"中轴线的距离分别为2880和3780个"单位",这正是海王星和冥王星轨道的距离。

如果说这一切都是偶然的巧合,显然难以令人信服。如果说这是建造者们有意识的安排,那么"黄泉大道"显然是根据太阳系模型建造的,也就是说特奥蒂瓦坎的设计者们早已了解了整个太阳系的行星运行情况,并知道了各个行星与太阳之间的轨道数据。然而,人类在1781年才发现天王星,1845年才发现海王星,1930年发现冥王星,那么在混沌初开的史前时代,是哪一只看不见的手,为建筑特奥蒂瓦坎的人们指点出了这一切呢?难道是外星人……

UFO造访地球的证据

下面简要介绍的 28 份报告来自全世界 13 个国家。之所以选中它们,不仅因为它们真实可靠、毋庸置疑,而且因为它们比较一般,无特殊之处,它们向世人提供了 UFO 访问地球的确凿证据。

(1)地面留下的痕迹。

这是由于地面受到某些压力或有规则的烤灼而留下的圆形、环形、三角形或半月形痕迹,大多数痕迹存在很长时间(有时数年之久)。在此期间,该处的土壤寸草不生。

1954 年 8 月 3 日 18 时,一个透镜形的不明飞行物降落在马达加斯加的安塔那那利佛机场旁边。它在跑道一端满是石子的地面停留了两分钟。最初,它被 7 人(法国航空公司的 1 名技术处主任、3 名驾驶员和 3 名工程师)发现。这些人发出警报,于是机场的全体工作人员以及候机的旅客都看到了这艘奇怪的飞船垂直起飞的情景。飞船停降过的地方,直径 10 米的一个圆圈内地面的石子全部被压成粉末。

1954 年 9 月 10 日,一个不明飞行物降落在法国卡罗布尔镇附近铁路的路基上。事后调查发现,那里的石块全部被煅烧过并被压碎了。估计那物体的重量在 30 吨左右。

一个比较出名的不明飞行物降落事件于 1965 年 1 月 12 日发生在美国华盛顿州库斯特镇。美国研究员、西雅图《飞碟通报》杂志出版人贝尼尔曾对它进行过考察。晚上 8 时 20 分,镇郊的一个女农场主发现一

道强光从天空中快速飞来。她以为它是一架即将坠落到她家房顶的飞机,于是惊慌失措地同她的3个女儿跑到院子里。到了院子里,她才惊恐地发现那物体并不是飞机,而像是一面白亮闪光的圆形透镜,直径约九米,顶部微成拱形。那飞船飞行时全无声响,并做出各种复杂的飞行动作,最后降落在农场院子后面的松树林边。四五分钟后,它突然垂直升起,飞快地消失在东北方上空。一名警官当时正在边境地区巡逻。他接到总部的无线通知,刚巧在飞船降落时赶到现场。他把汽车停在数百米外,跟那4个妇女一样感到惊恐。尽管警官并不认识那些女目击者,但他的报告同她们的完全吻合。在飞船降落过的地方,雪地上有一个圆形的印子,其直径约三四米。印痕下面的土地完全被烤焦。从这个圆圈出发,等距离排着一行长约20厘米的椭圆形印迹,到松树林前面便突然消失了。这些痕迹两个月内都能清楚地看到。

1965年9月3日23时,两名正在美国得克萨斯州德蒙市附近公路上巡逻的警官发现一团夺目的亮光降落在他们面前的平地上。他们小心翼翼地走过去,惊讶地发现停在他们面前的是一个常规意义上的大飞碟,从里面发出强大的噪音。飞碟的发动机、大灯和无线电突然停止了工作,大约15分钟后才重新启动,然后陌生的飞船立即起飞了。走近降落的地点,两名警官发现地面的泥土被烤焦并被巨大的重物压迫过。

1967年5月5日,法国科多尔省马连斯市市长在他的管区不远的地方发现一个颇有意思的飞碟降落时留下的痕迹。那是一个直径5米、深30厘米的圆圈,从圆圈成放射状延伸出去一系列10厘米的"沟",沟端有一些深35厘米的圆洞。在这些沟和坑的底部,积了一层淡紫色粉末,不知为何物。

1968年6月,阿根廷米拉马尔附近的一名目击者见到了一次非常少见的不明飞行物现象:那艘飞船仿佛被一束光支撑着,停在离地面约

50 厘米的空中。可当目击者企图走近它时,飞船却迅速地飞走了。警察对目击者指点的地方进行调查,结果发现那里的土壤被一种异常强大的热源烤焦。

1968 年 7 月 1 日,许多目击者(其中包括医生、工程师和警察)看到一个不明飞行物在巴西圣保罗州博图卡图医院附近降落。几分钟后,飞船无声无息地飞走了,地上留下了一个成等边三角形(边长 7 米)的深深辙印。

1969 年 5 月 11 日,在加拿大魁北克省,有一个不明飞行物降落在离 M.查普特朗农场仅 200 米的地方。凌晨 2 时,查普特朗先生被犬吠声惊醒,开门出去查看,正好看见飞船起飞。这一情景还分别被另外 4 人看到。调查时,发现一个圆形印迹,周围还有 3 个深度不同的小印子,如果用直线连接起来,正好构成一个等边三角形。三角形一条边的正中,还有一个深约 2.6 厘米× 5.1 厘米的正方形印子。

1970 年 7 月早晨,几名目击者发现一个明亮的空中物体在美国纽约州曼莫特港市附近逗留了 15 分钟。几小时后,在那里的地面发现两个直径分别为 4 米和 6 米的圆印,野草被严重碾压过。每个圆印外面各有 3 个较小的椭圆印迹,正好能构成等边三角形。一些直线形的浅沟(像是圆形重物在地面拖动而形成的)从两个大圆圈延伸出去,终止在一条灌溉渠的堤坝上。当地警方调查了现场,拍了照片并进行了分析,但毫无结果。

下面这个事例曾被瑞典飞碟调查小组的秘书弗德里克森分析过:1970 年 8 月 29 日夜里,许多目击者发现一个发出强烈红光的圆形物体在瑞典安滕湖附近飞翔。在完成了一系列复杂的空中动作后,该物体向埃尼巴肯镇方向降落了。第二天早晨,该镇的一个居民约翰森老人发现他家菜园里有 3 个圆形印迹,里面的土壤被重压过。构成等边三角形顶

点的这些圆印直径为 40 厘米、深 4 厘米。调查人员从该地区各处以及不明飞行物降落的三角地取了土壤标本，送交瑞典查默斯核化学研究所进行比较分析。瑞典专家们通过 y 射线分析仪分析，发现降落点的土壤标本中放射性比普通土壤标本大 3 倍，达 6 千电子伏特。这样的辐射只能来自钡元素 137 的同位素，而且只有当钡 137 放射性同位素放出 P 射线时才能发现。但是，钡同位素只能在受激核反应中才能形成。约翰森老人怎么可能在他的菜园里实现核裂变呢？

(2)植物被烧焦。

90%的此类事例中，这种后果并非自身燃烧所致，而是受到异常强烈的热辐射的结果，其中 35%的事例还伴随着放射性后果。一般说来，植物被如此毁坏过的地区很难恢复；而且 25%的例子中，土壤从此寸草不生。

1965 年 9 月 16 日，一个不明飞行物在南非比勒陀利亚附近降落。南非政府对此事极为关注，组成一个军队和文职专家小组，进行了认真的调查。在这点上，比勒陀利亚警备司令布里茨中校的谈话颇能说明问题："这一事件的重要性非同小可，具有很大的机密性。现在正在进行一场广泛的高级调查。"但是，调查的结果属于"绝密"……

1966 年 10 月 7 日 18 时 30 分，14 名目击者发现一个明亮的空中物体降落在密执安半岛印第安湖畔(美国密执安州)。发动机和仪表停止了将近一小时，而当那物体重新起飞后，在地面留下了一个圆形辙印，里面的草木完全被烤焦。

1967 年 6 月 18 日夜间发生在加拿大安大略省法尔扎湖上空的事件也颇为奇特。6 人目睹并出具了报告。当晚 23 时，目击者中的两人拜访朋友之后驾着小船回家。突然，他们发现离湖岸 800~900 米远处，一个发光的物体停留在离树梢 15~20 米的空中。他们把小船朝那个方向

划去，但是那物体突然急速地向小船冲下来，两人急忙后撤。第二次俯冲迫使他们把小船靠岸，并把住在附近一座山间别墅里的 4 个人叫出来。6 个人一同注视着那艘奇怪的飞船在离他们 300~400 米的空中停留了 10~15 分钟，然后消失在西北面的天空。整个事件持续了 30 分钟。在此期间，飞船一直没有发出任何声响，唯一能证明它存在的是那些树枝被笼罩在一片耀眼的白光中，并且被一股强大的气流吹得猛烈晃动。请看国防部调查员一份正式报告的片段："据目击者描述，该物体为椭圆形，上部稍微突出，乳白色、闪光。高约 8~10 米，厚约 3~5 米。在远方消失时，呈橘黄色。一名目击者称，当时他正在用 630 千赫的频率收听 CKBC 电台的广播节目，突然频道上出现极强的干扰，节目再也听不见了。"这份报告最后写道："几根被烤焦的树枝标本被送到温尼伯进行分析。森林与乡村发展部通报说，无法解释收集标本地区的三个树种——白桦、榛树和樱桃树同时枯萎的原因。许多树都受到伤害，但并无一定顺序，而且主要是树梢。林业专家认为，造成枯干的原因可能是强大热量。"这一件事后来被纳入"无法弄清"的一类。

1968 年 7 月 31 日，印度洋中法属留尼汪岛上的种植园主卢西·丰泰因在一片林中空地上看见一个边缘呈深蓝色的椭圆形物体。那个不明飞行物离目击者仅 25 米，停在离地 4~5 米的空中。丰泰因估计它高约 2.5 米，直径 4~5 米。目击者还说，他看见飞船的中部有一个蓝色的屏幕，几分钟里，从屏幕后面射出一道耀眼的白光，并伴之以巨大的热气流，陌生的物体旋即飞走了。10 天之后，该岛公民保护署主任列格罗斯上尉带着吉洛特机场最完善的检测仪器赶到现场。他发现在飞碟降落点方圆 5 米范围内，土壤和植被的放射性含量达 600 亿单位，比正常量高 30 倍。就连目击者的衣服也带有放射性成分。列格罗斯上尉显然感到震惊，他下结论道："这件事有人亲眼目睹，毋庸置疑！"

　　1968 年 11 月 6 日,将近 100 人看见一个明亮的空中物体降落在巴西皮拉松加地区。巴西空军当局对此事进行了秘密调查,并拍摄了地面留下的痕迹:一个直径为 6 米的圆圈,里面植物全部枯萎,周围内还有 3 个均匀分布的小坑(显然是支撑系统的底柱留下的)。调查结果没有发表的一个比较出名的事例发生在美国依阿华州巴尔的农场。这件事被美国研究员特德·菲利普调查过,并由海尼克博士在《飞碟试验》一书中做过分析。1969 年 7 月 12 日 23 时,两名少女(巴尔的女儿和她表妹)恐怖地发现一个明亮的不明飞行物掠过农场上空向远方飞去。两个少女足足看了两分钟,此间,她们听到飞船发出的隆隆之声。飞船的形状像一只倒扣过来的浅底碗,呈深灰色,沿着自身的轴心不停转动。在飞船高度 2/3 的地方有一个橘黄色光环。它消失在西北天空,只留下一道橘黄色光痕。巴尔农场主直到第二天早上看见飞碟在他的大豆地里留下的痕迹时,才相信两个女孩子说的是真话。地里一个直径约 12 米的圆圈内,作物完全被毁了。海尼克博士几星期后察看了现场,他写道:"在那个圆圈内,树木的枝叶从主干开始枯干,像是被巨大的热量烤过。但树干并未折断,也未弯曲,地面上也没有留下任何痕迹。这一切表明,热量或其他带杀伤力的因素像是从近距离的空中施加的,并未与地面直接接触。"

　　1969 年底,在新西兰发现了 3 次留下痕迹的飞碟降落事件。9 月,在北岛的恩加蒂亚,发现一个圆圈内,野草和荆棘的枝叶全部褪色,并受到放射性污染。奥克兰大学的研究工作者宣称,他们"没有找到任何化学反应的证据,但确实存在放射性杀伤的痕迹"。门吉斯在《宇宙观象》1970 年第 23 期上写道:"某种辐射从里向外烧毁了植物的组织。地球上还没有发现能够造成类似现象的能源,一颗陨石或一次闪电都没有发现能够造成类似现象的能源,一颗陨石或一次闪电都做不到这一

点。看来,是一个来自外星的物体在这里降落和起飞时放出的辐射。"11月,北岛巴夏图瓦的农场主亨利·安杰里发现他的农场地里有一个直径约12米的圆圈,圈内的草全部枯萎了。D.哈里斯博士在南岛的布林海姆也发现了一个类似的印迹。所有这些"死亡区"都是圆形的,圆圈内各有3个较小的坑,分布在一个等边三角形的顶点。受放射伤害的土壤一直寸草不生,无论家畜还是野兽都远远地绕开它……

(3)水源被污染。

人们多次发现,来历不明的飞船常常进入海洋、江河和湖泊去加水或排放废弃物。在65%的这类情况下,水源受放射性影响或被化学物质污染。

1961年夏天,在前苏联发生了一次有名的不明飞行物在水面降落的事件。立陶宛科学院天文物理所的研究员R.维托尔尼克斯对此进行了调查分析。事情是这样的:一个巨大的不明空中物体以惊人的速度俯冲下来,砸穿了拉多加湖面一米多厚的冰层。冰层被砸开一个直角100米的圆形口子,飞船钻入湖水,在里面停留了将近一小时,然后钻出水面,高速地向北方飞去。受到飞船撞击的地方,冰层变成绿色,并带有放射性。后来,还在圆形窟窿的边缘发现了钻粒子。试问:地球人类迄今制造的哪一种飞行器能够经受得住这样厚的冰层撞击呢?

1968年4月初,在瑞典马普拉门湖面1米厚的冰层上,发现了一个面积为500平方米的三角形大洞。在此之前,一个巨大的空中物体"坠落"下来,把砸碎的冰块抛出老远,这足见撞击力量之大。几天之后,在冰面上又发现了两个大窟窿,其中一个的形状和面积与前者完全一样,瑞典空军的专家们发现,窟窿附近的冰带有放射性;而部队潜水员则发现湖底的淤泥结了一层特性不明的硬壳,其中所含物质,与1950年一次飞碟降落后将加拿大索毕尔湖水染成红色的那种物质类似。

1970 年 9 月 14 日，一个不明物降落在新西兰蒂奎蒂附近布莱克莫尔的农场边的一个小湖里。第二天早晨，农场主发现湖水水位上涨了很多，两岸上的痕迹表明，夜里湖水不可思议地溢出了坝顶。湖水变成了暗红色，并带有刺鼻的气味。也许为了避免使我们受到伤害，陌生的飞船把有毒(放射性或化学)物质倾入湖里。在美国、墨西哥和丹麦分别三次发现此类物质被放在密封的集装箱内沉入水底，说明外星客人非常注意地球生物圈的安全。

阿蒂·卡拉维基工程师曾调查过一件 1971 年 1 月 3 日早晨发生在芬兰库萨莫地区萨彭基湖面上的不明飞行物降落实例。那天，许多目击者看见一个闪光的圆球从离结冰的湖面 8 米的空中掠过，放射出的亮光 1500 米范围内都能看清。几分钟后，那飞船降落在离毛诺·塔拉拉家 17 米处，停留 1 分钟后，它又突然起飞，跟出现时一样无声无息地消失在北方天空。过了几小时，目击者们发现，飞船停降过的地方(湖边)冰层变成了绿色。几天后，专家们从那些冰及其下面的土壤取了样，送交一家瑞典实验室和两家芬兰实验室(奥卢大学和氨化物公司)分析。研究结果表明，冰并未受放射性侵害，但其中包含着大量的钛元素。由此可见，外星飞船在地球上留下的大多数痕迹带放射性；而且，钛是制造这些飞船的主要材料，这些都是有关外星飞船的推进位置和机身构造的宝贵信息。我们知道，地球技术所预见的未来星际飞行的出路之一，就是使用原子能发动机，而钛又是地球上强度最大的金属，并从 1974 年起大量使用于空间技术。

(4)有生命的机体受到影响。

地球上的人和动物，由于不慎而过分靠近不明飞行物，在有的情况下，身体会感到不舒服，当然没有致命的影响。这些后果是由于超过正常标准的辐射而造成机体的暂时紊乱。需要指出的是，这种辐射每次都

114

是事故性的。

1968 年 8 月，阿根廷门多萨医院的残疾人阿德拉·卡斯拉维莉从窗口看见一艘圆盘形的飞船降落在医院旁边。几秒钟后，飞船重新起飞，放出一种辐射状的"火花"。残疾人脸部被灼伤，昏迷了 20 秒钟。这时，飞船已迅速飞走。阿根廷空军情报处和原子能委员会秘密地调查了此事。发现飞船停留过的地方有一个直径 50 厘米的圆形印迹，土壤呈灰色，放射性程度很高。专家们确认，残疾人被灼伤是强烈而短暂的辐射所致。无论是外伤，还是附带的恶心、剧烈头疼等，都一个月后才消失。法新社断言道："经过那里的不明飞行物留下了无可争辩的痕迹。"

另一件给人类造成不快的事件 1970 年发生在芬兰南部吉米亚维村附近的森林。两名目击者埃斯科·维利亚和守林人阿尔诺·赫诺宁滑雪穿过树林。突然，他们听到一种奇怪的"嗡嗡"声。仰头一看，发现一个闪闪发光的物体绕着大圈向他们头顶飞来。到了离他们数十米的空中，那物体突然停住。目击者发现它被一层明亮的红雾环绕着。不明飞行物在一片林中的空地降落下来，停留在离他们头顶三四米的地方。两名目击者惊恐万分，一动也不敢动。红雾消散了，"嗡嗡"声也停止了。赫诺宁和维利亚这才看清那物体为圆形，金属结构，直径约 3 米。平坦的底部有 3 个半圆形，构成一个直径三角形(大概是可伸缩的支架)。物体的中部有一根直径约 25 厘米的管子，几分钟过后，从管内喷射出一束强光。雪地上显出一个黑圈，圈内的积雪被光束照得耀人眼目。经过一系列晃动的怪光之后，一束光投到赫诺宁身上。接着，飞船又被一层红雾包围住了。目击者惊愕地看见那光束被渐渐地收回管子内，而且始终保持同一形状，仿佛是用空气剪裁成的。接着，那物体升到高空，以令人难以想像的速度向西北方飞去了。两个芬兰人却由于自己不慎，呆在离飞船那么近的地方，结果吃了大苦头。赫诺宁腹部剧痛，小便变成黑色，身体极

度虚弱,持续了将近一年之久。维利亚则浑身皮肤发红,很快得了头晕病,身体不能保持平衡。医生们诊断不出两个目击者患病的原因,但认为,他们受过强烈的辐射。

(5)电路短路。

不明飞行物造成的电磁现象迄今尚无法解释。在许多情况下,在靠近外星飞船的地方,汽车发动机停转,灯光熄灭,广播电视台节目中断或被严重干扰。还有整个城市的高压输电线路甚至发电站受到影响的情况。有时,靠近陌生飞船的金属物品被磁化。正规地讲,所有这些现象都还无法解释……

一个最出名的此类例子于 1957 年 11 月 2 日夜 3 日晨发生在美国得克萨斯州莱维兰德市附近。这一事件有 15~20 名目击者,其中有 5 名警察和一名消防队上尉。事情是 2 日夜 23 时开始的。值班的弗勒接到一个奇怪的电话。卡车司机 P.索塞多和他的助手 J.萨拉兹惊恐地报告说:"当他们的车沿着 116 号公路行驶到离莱维兰德市约 7 公里时,发现天空有一大团火焰。"他们说,当那个空中物体飞近时,汽车马达熄火,车灯也灭了。两名司机下车,以便更好地观察那物体,可是由于它速度极快,又放出巨大热量,两人不得不扑倒在地。他们俩描述道:"那物呈淡黄色, 很像一枚长 70 米的鱼雷, 以每小时约 2200 公里的速度飞行。"当它飞过之后,卡车马达重新启动,车灯复明。两名司机急忙将此事报告警察局。但是,弗勒没有把他们的报告放在心上,认为他们是醉鬼。可是,夜里 24 时,维拉尔地区一位颇有名望的公民打来电话报告说:当他驱车行驶到莱维兰德市以东约七公里(这正是索塞多发现的飞船消失的方向)时,遇见一个椭圆形闪光物体,长约 70 米,停在公路上,周围被照得一片通明。当目击者的汽车开近时,马达停转,车灯熄灭。过了几分钟,不明飞船突然起飞,亮光消失,目击者的汽车的马达又毫不

费力地起动了。24时10分,另一名目击者遇见那物体降落在莱维兰德市以北约20公里的地方,并用电话向警察局报告了与前两个报告相同的内容。事后,"蓝皮书计划"执行小组和美国全国气象调查委员会在调查过程中又获得了两份类似报告。一份报告说,两台联合收割机当晚24时12分处在莱维兰德西北约28公里的地方,一个发光的物体从空中飞过时,两台收割机的四部发动机同时熄火。第二份报告说,一名得克萨斯理工学院的大学生24时05分开着车子到达莱维兰德市以东约11公里处时,发动机和车灯同时出了故障。大学生惊恐地发现一个长约40米的椭圆形平底物体停在前面的公路上。那物体像是铝制的,闪着蓝荧荧的光,通身光洁,看不到任何细部构造。几分钟后,物体突然腾空,消失到黑夜之中。这时,目击者的汽车发动机和车灯重新恢复工作。在父亲的坚持下,大学生第二天把事情的全部经过报告了莱维兰德市的警察局局长。再说当晚,警察弗勒在24时15分还收到一名目击者的电话报告说,一个不明飞行物降落在市北约17公里处。他的汽车的遭遇与上述报告完全相同。弗勒对事件再不能等闲视之了,终于决定报告警察局局长。10分钟后,几辆警车被派出去调查现场。第二天,一份调查报告起草出来了。报告中除了有关情况,还提到夜里24时45分,另一名目击者发现不明物体降落在离他的卡车400米处(莱维兰德以西),卡车突然莫名其妙地停了。目击者还讲述了一个很有意思的细节,飞船降落后,颜色便从橘红变成淡蓝,起飞后又变成原来的颜色。凌晨1时15分,警察弗勒接电话报告说,有人在俄克拉荷马—弗拉特公路上(莱维兰德市东北约4公里处)看见了一个长70米的不明物体。这时,几辆警车在城郊公路上搜寻,弗勒同他们保持无线电通讯联系,及时将他们引向出事地点。警察局长克莱姆和他的副手麦克考洛乘坐的汽车于1时30分到达俄克拉荷马—弗拉特公路离莱维兰德7~9公里的地方。两名警

官发现一大团椭圆形的红色亮光停在他们前面的公路上。两秒钟后,那物体升到空中向西飞去,又被到达附近的两名警察哈格罗夫和加文发现。继后,陌生的飞船又被正在116号公路上巡逻的得克萨斯镇的警察贝伦看见。经过附近的消防队上尉R.詹尼斯也看见了它。在那个值得回忆的夜晚,前后共收到15份看到不明飞行物的电话报告。第二天,目击者们出具了二十多份正式签名的证词。不明物体被15~20人看到,造成了10辆不同型号种类的车辆临时故障,因此不可能是集体错觉。目击者互不认识,而且调查结果证明他们所讲的是实情。为了寻求一种多少能令人接受的解释,"蓝皮书计划"执行小组组长(当时是格利高里上尉)从一场雷雨暴风掠过莱维兰德的假想出发,"发明了"一个巨大的球形闪电。然而,他的假想是站不住脚的。无论如何,球形闪电不可能有70米长,不可能6次在公路上降落,不可能改变自己的颜色,尤其是不可能造成汽车发动机故障。尽管新闻界和公众对国防部施加了强大的压力,格利高里上尉却拒绝对事件进行一次深入调查,借口是……缺乏有说服力的数据!

另一件出名的事件是1970年8月13日夜间发生在丹麦哈德斯莱夫市附近。正在城市外围巡逻的警官埃瓦德·马鲁普的汽车于22时50

分突然马达停止,车灯熄灭。紧接着,车子被来自上方的一道强光罩住了,车内酷热难熬。警官探头观看,只见一个直径 15 米的圆盘形物体停在空中,从它里面射出一束锥形白光。马鲁普想同总部联系,但无线电对话机已不能工作。光束渐渐地缩回飞船舱内,使警官惊讶不已的是光束始终保持固定的形状,仿佛是用空气剪裁成的。飞船迅捷而又一声不响地升高,消失到星空中去了。此间,马鲁普成功地拍摄了 6 张相当清晰的飞船照片(这些照片经过丹麦和法国专家鉴别其真伪后,被发表在报上)。飞船消失 20 秒钟后,马鲁普警官的汽车发动机、车灯和无线电通信装备重新恢复正常。最惊人的、至今仍然无法解释的现象是陌生的飞船竟能分段逐渐收回光束。此种现象在法国(1967 年 5 月 6 日)、加拿大(1968 年 8 月 2 日和 1970 年 1 月 1 日)、芬兰(1970 年 1 月 7 日)和中国上海(1983 年 2 月 21 日)都有发现。

(6)收集到(属于飞船的)一些陌生的物体。

这种情况比较少见。但是,一些颇负盛名的作家和国际通讯社认为,美国、巴西、西班牙和瑞典等国可能掌握着外星飞船 1947 年至 1983 年掉在他们国土上的物品甚至残骸。

1974 年,美国佛罗里达州的巴茨拾到一个直径 20 厘米、重 10 公斤的钢球。这个钢球的奇特之处在于:受到任何脉冲作用时,它便沿自己中轴旋转着成直线运动,然后返回自己的出发点。在向几个不同的方向进行过同样的运动后,钢球自动停止了。美国海军的一个实验室化验结果表明:该球放出无线电波,并被一个强大的磁场包围着。美国的军事专家说不出这个钢球的来历,也无法解释它的这些奇怪的特性。化验的唯一结果是这个神秘的球被美国海军"扣下了"……因为,正如美国空军和宇航局航天生物学顾问和导师、天文科学家卡尔·塞根所称:"并没有不明飞行物留下的证明和痕迹。

UFO 追击汽车

日本《周刊时事》记者岩田郁弘曾以《母子四个奇遇 UFO》为题,报道了发生于悉尼的 UFO 追击汽车事件。

遇到 UFO 的是居住在西部的费伊·诺尔兹女士和她的 3 个儿子。

一天,费伊一家为了休假和找工作驱车去帕恩,汽车风驰电掣般地奔驰在纳拉伯平原的公路上。

清晨,5 点 30 分左右,汽车行驶到南澳州门德腊比腊时,车内的四个人注意到高速公路前方出现了一个闪光明亮的物体。开车的费伊女士谨慎地避开它,快速开过去。但是,肖恩说:"总觉得那是个奇怪的东西,比琪为了搞清楚,我们一定得再返回去看上个究竟。"于是他们开车返回! 开始了与 UFO 的接触,长约 90 分钟。

UFO 呈一米左右直立着如鸡蛋形状,中心部分为黄色,周围发出白色的光。它不仅颜色和形状奇特,而且还发出令人恐惧的轰鸣声。母子 4 人都十分害怕,没等到 UFO 近旁就慌忙开车逃去。

不料,UFO 竟追了上来。费伊拼命踩油门,汽车以 100 公里的时速飞驶在高速公路上。但 UFO 一会就赶了上来并且沉甸甸地落在了 4 人乘坐的汽车顶篷上,不久,整个车子便升到了空中!

"哎呀",费伊紧张得不由自主地大叫起来。3 个儿子也惊恐万状,叫喊不迭,但他们听到的却是有点异样的回声。

尽管如此,费伊还是鼓足勇气把手伸到了车顶上。"车顶微暖,像海

绵一样柔软","我感到非常奇怪,于是便把手缩回来"。

这时,UFO突然把汽车扔到地上,4个人争先恐后地跑出车,躲藏到道路旁边的丛林里。他们从树叶缝隙里窥视,UFO好像在搜寻他们。大约15分钟后它不知飞到什么地方去了。

4个人提心吊胆地回到车子里,车内和车顶布满了灰黑色的灰尘。一个后轮已破裂。他们迅速地换上备用的轮胎。在极度恐惧中他们开动了车,没想到UFO又追了上来。4个人拼命向迎面来的车发信号,但所有的车都像什么也没有发现飞快开过去了。

他们一口气跑了600公里,在南澳州塞杜纳停下来。这时才发现车顶上的4个角都已凹下去了一大块。在他们四人与UFO遭遇的那段时间里,在附近海域航行的渔船船员们也看到了空中有一闪光的物体,听到了同样异常的声音。另外,还有一名叫卡萨根罗的卡车司机在"事件"前一小时也看到了他们所说的不明飞行物。

与这母子4人的遭遇相比较,麦克默多和鲍勃在非洲的奇特经历,更使许多人感到吃惊和不可思议,一时间UFO很少光临的非洲大陆,也蒙上了神秘的色彩。

一天中午,两人乘车进入丛林。他们的任务是进行野外作业。下午2时,两人正沿一条不大的河流逆流步行而上,麦克默多突然发现正前方有一闪光的庞大物体。鲍勃也发现了这一情况。两人不知是何物,躲在树丛后观看。

"……那个玩意我乍一看很像一只大圆球,但事实上却有棱有角,它发着光而不是反射的太阳光。光的颜色先是白色的,后来可能是因为久看的缘故又泛出一股股的气流扑向我们。温度很高,我只觉嗓子眼被刺激的直想咳,却又咳不出来……"

"……是的,它整个儿密封着,至少在我们这一面没有任何窗口之

类的开口,只是在底部好像有几个支架伸出。我和麦克默多正惊惧地望着,只见从那怪物体的底部探出一支软管,闪着与那物体不同的淡蓝色的光,而不是本身就是蓝色的。它插入河水中并微微颤动着。当时我们的右脚正插在水中,突然感到一阵火烧火燎的剧痛。我跳了起来,右脚已成奇怪的黑紫色。我的同伴吓得叫了声,他说他从来没见过这么可怕的颜色和伤势。"

"我又望了一眼那飞行物,软管周围的水竟冒出气泡。我怕极了,背上鲍勃就想跑,可双腿却迈不动,一使劲就瘫倒在地上。可怜的鲍勃疼得直叫。我好像被轻微过电一样身体发抖,直抖得恶心死了!我又试着站起来,这回没事,我背上鲍勃就往回跑,直跑到我们的汽车前,竟跑了一百多米!"

在记者的询问下,两人谈起接下去发生的更奇特的事,他们驱车返回的途中,两人惊魂未定,鲍勃大声呻吟,麦克默多则不知所措。这时UFO第二次出现了,一个直径达4米的圆球体悬浮在两人的视野之内,它与上次的有所不同,它发出的淡蓝色柔和的光比较强一些,并且"好像在变换着光度,强弱不太分明"。两人动也不敢动,紧盯着那静止的发光体。此时鲍勃感觉右脚不怎么疼了,但他仍盯着那东西。

"车子不知什么时候在接受检查。我没有不舒服的地方,相反却有种飘的感觉。我的手扔在方向盘上,但并没有感觉到它的存在。我也不知道过了多长时间……"麦克默多显得很费劲地想着,回忆出当时的情景,"后来,我们第一次见到的怪物出现了。它似乎是从我们后面过来的。那小的斜着飞到大的背后,大个的好像是旋转起来,白光闪闪地一拐弯飞上了高空。再没看到小个的,它似乎是藏到大怪物肚子里去了。车子又开动起来,我直接开车回到了基地。一路上我那可怜的同伴却没再哼哼……"

1959 年 9 月的一天晚上，阿根廷的一名青年司机开着汽车从首都布宜诺斯艾利斯出发，在行驶到布兰卡港公路上时，已是午夜 23 点时分。突然，看到一道强烈的光闪，晃得它睁不开眼睛。他不知何缘故，急忙将车停在路边。此时，他感到不知为什么非常困，于是就迷迷糊糊睡着了，半个小时后，他突然从沉睡中惊醒，发现自己躺在草地上，仔细再看看身边的路标，他吃惊非常，因为自己是在 1.3 公里之外的萨尔塔，而他的汽车却不见了。

这个年轻司机失魂落魄地来到萨尔塔警察局，前言不搭后语地向值班警察讲述了所发生的这一切。警察们感到很好笑，以为站在面前的是一个神经病患者，根本不予理睬。年轻的司机苦苦哀求，一定要警察查个水落石出。值班警察无奈，只好给相距 1.3 公里之外的布兰卡港警察局联系。谁知，对方回答说他们的确在一条公路旁发现了一辆车，车的型号同那个年轻的司机讲的一模一样，原先不以为然，只想敷衍了事的值班警察一听不禁大吃一惊。

有关汽车被 UFO 跟踪的报告层出不穷，其中有若干个案例是汽车内的人被 UFO 绑架，下落不明。

例如 1974 年 11 月 20 日晚上，巴西圣保罗郊外就曾发生一件非常可怕的事件，一家 3 口在警官面前被 UFO"吸走"。

当晚 11 时，一辆载着 3 名警官的圣保罗警察巡逻车接获"有一部轿车在公路上起火燃烧"的通知。警官赶抵现场，走下巡逻车，附近的草丛有一对夫妇带着一名男孩出现，向他们求救。就在这个时候，有个直径大约十米的碟形黑色物体突然出现在他们的头顶上。三名警官吓得愣在原地，飞碟底部放出一道苍白的光筒，笼罩着那对夫妇和孩子。3 个人的身体便顺着光筒被吸向飞碟后飞走了。

经过事后的调查，被飞碟即 UFO 劫走的被害人是在圣保罗经营餐

厅的达贝拉先生及其家人,当晚他们开车到亲戚家玩,在回家途中被飞碟劫走。

又根据另一位目击者的证词,出事前他看见达贝拉的车子在公路上全速奔驰,后面有一架飞碟在追赶。

1980 年 12 月 4 日晚上,多位民众目睹巨大的飞碟在得克萨斯东部的上空飞行,其中以贝蒂·凯舒(当时 51 岁)、比琪·兰道姆(57 岁)、柯比·兰道姆(7 岁)3 个人的遭遇最为糟糕。

这一天傍晚,住在德州休斯敦郊外的贝蒂与比琪开车载着比琪的孙儿柯比到附近新盖尼镇玩。

到了镇上才知道由于圣诞假期的关系,他们想玩的宾果游戏玩不成了。3 个人只好到新盖尼镇的汽车餐馆吃晚餐,然后回家。晚上 8 时30 分左右,3 个人离开汽车餐馆。一直下着的毛毛雨停了,雨过云散,冬天的天空有星星在闪烁。

"好冷!"贝蒂坐在驾驶座说道。

柯比坐在贝蒂旁边,比琪钻进车内,用力关上车门,说:"开暖气,贝蒂,别让柯比着凉。"

贝蒂开着车,朝狄顿的方向行驶。一路上几乎没有遇到其他车子。

车子在松林间的道路行驶一会,前方森林的上空出现一大片光芒,明亮异常,他们以为是开往休斯敦机场的飞机,也就未放在心上,他们的车子仍旧朝着狄顿的方向行驶。

但转过弯道驶进直行的国道时,前方突然大为明亮,光源便是刚才松林上方那种异样的亮光,现在就浮在数百米前方的国道上空。

"看来蛮恐怖的,快停车。"比琪声音颤抖地说。但贝蒂不想在悄无人迹而且又是夜晚的国道停车,只是略微降低车速。随着越来越接近,逐渐看得出那是一个发光的巨大物体。当车子来到物体前 40~50 米处,

看到物体下部还喷出熊熊的火焰。

贝蒂握着方向盘,吓得直发抖。

面对这样的景象,柯比用畏惧的眼光望着那个依然在喷火的物体。

飞碟所发出的亮光把附近照得一片通明。贝蒂打开车门,随即有一股热风吹进车内。贝蒂走到外面,绕到车前,面对飞碟,比琪也跟到外面,但柯比哭起来,比琪连忙回到车内。飞碟大小如同狄顿市的给水塔,颜色属于没有光泽的银色。飞碟的形状恰如去掉上下两端的菱形,中心有若干蓝光环绕。从菱形的下部喷出的火焰像太空的喷射火焰那么激烈,形成倒圆锥形。

随同火焰一起散发的热气使得附近的温度急剧升高。贝蒂所站的地面热得像火在烤,贝蒂及车内的比琪、柯比的脸、手都因高温而产生灼热感。

到了这个时候,比琪为了从前窗玻璃看外面的情景而把身子伏低,双手则按在仪表板上面,刹那间感觉双手像被烧到一般,还有金属被高温烧得软绵绵的感觉,她叫了一声,把手移开。仪表板上面清清楚楚的烙印着她的手掌印。车体的金属部分已经热得碰不得了。贝蒂想返回车内,用身上所穿的皮衣抓着门把,好不容易才把车门打开。

飞碟下部的火焰时喷时停,喷出火焰便上升数米,不喷却又下降。

大约贝蒂停车的 10 分钟后,飞碟最后一次喷出火焰,而且升高一大截,火焰消失之后,飞碟继续缓缓上升,越过松树林的林梢。就在这个时候,随着一阵劈里啪啦的声音,四面八方都有直升机飞来,就像大规模的军事演习一般包围了飞碟。

飞碟与直升机消失在松林对面,附近又恢复一片漆黑。贝蒂立刻开动车子,大约行驶 5 分钟到达一处十字路口,贝蒂转弯,前方再度看见一大群直升机包围着飞碟在飞行。贝蒂在路边停车,数一数直升机的数

目，总共 23 架。飞碟发光的光线把每架直升机都照得清清楚楚。

直升机大多属于前后有螺旋桨的"双旋转翼型"。

贝蒂再度开动车子，紧跟在这一群不可思议的飞行物体后面，一直跟踪到车子抵达通往狄顿的道路；接着，车子背向着了飞碟，但仍可从后窗见飞碟达五六分钟之久。

从发现国道上空的飞碟到飞碟从他们的视野消失，处在紧张与恐惧中的这 3 个人，感觉时间过得相当长，实际上大约为时 20 分钟而已。

9 时 50 分，贝蒂在比琪家前面让他们下车，然后开回家，她的朋友维尔玛就在她的家等她。但在开车途中，她感觉深度的疲劳与不快。

她好不容易回到家，对着出来接她的维尔玛说"看见飞碟，觉得很不舒服"，然后就倒在寝室的床上。

贝蒂表示头痛欲裂，而且想呕吐，不久她的脖子开始长出若干不小的疮，头、脸等处的皮肤红肿起来，随着时间的推移，她的双眼也红肿到无法张开，脖子的疮则恶化成烫伤，然后就是上吐下泻。

另一方面，比琪与柯比也发生胃痉挛、呕吐、下痢等症状；也许她们待在车内的时间较长，所以症状较轻。

贝蒂的情况则持续恶化，连意识也不清，无论食物或饮料，一入口即呕吐；她一天比一天衰弱。

隔一年的 1981 年 1 月 3 日，贝蒂到巴克维医院入院治疗。她有多处皮肤红肿、脱落，头发则一撮一撮地脱落，身体衰弱到无法步行的地步。以后一度出院，但后来又恶化，再度住院又出院。

比琪与柯比经过两三周后，胃痉挛与下痢的症状便好转，但比琪也掉了许多头发，双眼均患严重的白内障，视力大减。在与飞碟的遭遇中一直留在车内的柯比，症状最轻，但因精神上遭受极度的震撼，夜夜做噩梦。

他们的病因是什么呢？MUPON 的辐射线学顾问仔细检查过这三个

人的状态,做出以下的结论。

　　"这些症状可能是电离放射线所引起的,除此之外,可能受到红外线、紫外线的伤害。"

　　出现在贝蒂、比琪、柯比眼前的菱形飞碟,除了发光、喷出火焰之外,也发出对人体有害的电离辐射线、过量的红外线和紫外线。

"幽灵潜艇"之谜

众所周知,人类起源于海洋。一些人类学家和科学家曾推测人类经历过一段几百万年的"水猿人"阶段,现代人类的许多习惯以及器官明显地保留着这方面的印痕也证明了这种推论,如喜食盐,生来会游水,海生胎记等。当人类进化时,可能分作陆上、水下两支,上岸的就是人类,水下的则也在进化。那么神秘出现多次的"幽灵潜艇"是否就是大洋深处人类的远亲制造出来的呢?

"幽灵潜艇"第一次出现是在二战后期,日本联合舰队和美国航空母舰"小鹰号"曾遭到一艘潜艇的跟踪,但当他们发现并准备采取行动时,这艘潜艇又消失得来无踪影了。尤其令人惊讶的是,日美海军激烈鏖战之时,神秘潜艇也曾多次出现。但它并未卷入战事,而是对落水的双方水兵都进行救援行动,颇有国际红十字会的风范,而这艘潜艇的速度和反应性能却是当时日美船只都难以比拟的。因此,美国海军称之为"幽灵潜艇"。

20世纪60年代末,"幽灵潜艇"又频繁出现在太平洋和大西洋的广大水域,跟踪美国舰队。前苏联舰队也遇到过类似情况。起初,美苏双方都怀疑是对方的侦察潜艇,因为它只跟踪却从未主动攻击,但其动作如此敏捷,则又令双方惊叹和不服气。六七十年代,美苏在海军装备的研制与扩充方面展开的军备竞赛,"幽灵潜艇"无疑是起了推波助澜的作用。

1990年,在瑞典和"北约"海军举行的一次海上军事联合演习中,

"幽灵潜艇"竟大大咧咧地招摇过市,引来了一场大围剿。十多艘潜艇与巡洋舰在恩克斯纳海湾排成梳篦阵势,炮弹、深水炸弹与鱼雷将这里变成了一片喧嚣的真实战场,可最终"北约"海军一无所获。

"幽灵潜艇"虽然来无影去无踪,但按常理推断,核动力的潜艇尚需有基地更换氧气和燃料,"幽灵潜艇"是否在地球海洋下有基地呢?

研究"幽灵潜艇"的人则说,海底金字塔正是其最佳基地,那上面两个巨大水洞正是"幽灵潜艇"出入的所在。俄罗斯的一些研究者认为,仅从"幽灵潜艇"及基地来看,其拥有者的智慧和科研能力便高出人类许多,何况"幽灵潜艇"并未攻击过人类,而且人类攻击它,它只防御却从不进攻,这说明驾驶"幽灵潜艇"者的道德文明,也远高出人类。

"幽灵潜艇"究竟从哪里来的?是外星人派出的还是海洋深处所谓人类的远亲制造的,这都有待于人类的科学发展来揭开这个谜。可是若从另一方面思考,人类在进步,他们难道就不进步了?说不定发展的速度还快于人类呢!

20 世纪的 UFO

(1)不明飞行物。

1878 年 1 月的一个夜晚,当约翰·马丁在得克萨斯州丹尼逊地区以南 6 英里处打猎时, 他突然看见在南方的天空上有一个快速移动的物体。当它飞过头顶时,马丁注意到那看上去就像一个"大碟子"。此后,特别是在 20 世纪下半叶,许多人都报告说看到过类似的物体。1947 年 6 月 24 日, 飞行员肯尼思·阿诺德发现在华盛顿州蒙特雷尼尔地区上空有九个碟状物体以 1200 英里的时速编队飞行。从此,"飞碟"成为了人们想像和描述此类物体的专有名词。在接受当地一份报纸记者采访中,阿诺德把它们的运动比作在水面上打水漂时的石头。不久以后。这份报纸使用"飞碟"来描述阿诺德所看见的物体。

"飞碟"时代开始了。直到 20 世纪 50 年代中期,另一个美国空军飞行员发明了"不明飞行物"这个词,英文缩写为 UFO。

但是,早在 1947 年以前人们就目击过类似马丁报告的飞碟和不明飞行物,只不过描述不同罢了。例如从 1896 年 11 月至 1897 年 5 月,美国各地的报纸上都充满了关于奇异的"飞船"的报道。那些飞船常常被说成是雪茄的形状,开着明亮的探照灯。有些人甚至因此联想起来自火星的不速之客。19 世纪早期的科学报刊上也能找到几篇关于不明飞行物的报道,但更早以前就几乎没有了。不管什么原因,目睹不明飞行物似乎只是最近的一种现象。

(2)富式战斗机和幽灵火箭。

第二次世界大战期间，盟军飞行员在欧洲和太平洋上空都目击到了许多不明飞行物，他们称之为"富式战斗机"，并且认为是敌人的装置。1946 年间，欧洲北部上空常常出现"幽灵火箭"，那些急于找出解释的人便错误地指责前苏联是罪魁祸首。

(3)"迹象计划"。

1947 年 12 月 30 日，美国空军开始对不明飞行物报告进行代号为"迹象计划"的研究。这项研究归属于俄亥俄州代顿地区的空军物资指挥部(即后来的赖特—帕特森空军基地)领导。普通的目击通常由当地的空军基地处理，"迹象计划"只调查那些被认为是重要的或是非同寻常的目击。

第一宗调查的案件发生在 1948 年 1 月 7 日。肯塔基州国家空军警卫队飞行员小托马斯·曼特尔上尉死于坠机事故。他死前的无线电通讯表明，他曾试图探查某个"巨大的金属物体"。联想到海军当时机密的"空中钓鱼计划"，空军最后判定该"物体"是一个与该计划有关的气球。

两名东线飞行员 1948 年递交的一份报告更让人头痛。克拉伦斯·奇利斯和约翰·惠德 7 月 24 日凌晨 2 点 45 分在亚拉巴马州上空驾驶 DC-3 飞机时，看见了一个没有导线的鱼雷状物体飞驰而过。奇利斯报告说，那个物体有两排方形的窗子，里面"闪烁着强光"，而底部则"散发着蓝光"，尾部拖着长达 50 米的火焰。尽管这个不明飞行物只出现了不到 10 秒钟时间，飞机上的一位乘客也看见了。"迹象计划"的调查人员也得知，佐治亚州罗宾斯空军基地的一名地勤人员一小时前也目睹了同一物体。更奇怪的是，4 天前在荷兰海牙地区上空人们也看见了有两排窗子的火箭状飞行物。

这次目击之后，"迹象计划"的调查员分成了几派，不同的派别对于

不明飞行物有不同的看法。一派认为这些物体是来自其他世界的航天器,另一派认为它们是前苏联的秘密武器,还有其他派别的一些人认为它们只是难以辨别的普通物体。在克拉伦斯·奇利斯和约翰·惠德目击事件中,上述的第一派调查员的意见占了上风。其原因是一份认为不明飞行物证实是来自其他世界的造访者的绝密报告,被送到了空军参谋长霍伊特·范登堡将军手中。范登堡将军不同意这一结论,并下令销毁该报告的所有副本。这份文件直到1956年仍没有公开。后来一个退役的空军不明飞行物研究计划官员爱德华·鲁皮特在一本书中讲述了文件背后的故事。尽管其他一些消息来源印证了鲁皮特的说法,但多年以来空军一直否认这份报告曾经存在。

(4)"怨离计划"。

范登堡拒绝"迹象计划"的结论向调查员们传达了明显的信息,于是那些相信有可能存在外星造访者的人,或是主动离开空军或者被另外分配了其他任务。1949年2月11日,"怨离计划"取代了"迹象计划"。此后绝大部分关于不明飞行物的调查都只是去"揭穿真相"——说明目击及其报告反映的事情没有什么特别的,实际上只是视觉扭曲或错误而已。1949年底,该计划的行政主管把所有的文件都封存进了储藏室,而到了1950年夏天,整个计划中只剩下了一名调查员。

(5)"蓝本计划"。

1951年9月,"怨离计划"对于发生在新泽西州福特芒茂斯地区的一系列快速移动的不明飞行物的调查很不得力,于是空军高级官员提出重组该计划。1952年,"蓝本计划"取代了"怨离计划"。领导人是在赖特—帕特森空军基地的空中技术情报中心(ATIC)的鲁皮特中尉。鲁皮特坚持说他的手下对于不明飞行物是否存在开始时没有任何成见。当鲁皮特两年后离开该计划的时候,他几乎完全相信外星访问者确实存在。

1956年,他根据自己的经历出版了名为《不明飞行物报告》的回忆录,这被认为是不明飞行物研究学说中的最重要著作之一。鲁皮特离开后,研究计划又回到了过去的模式:"揭穿真相"而不是调查。1952年在首都华盛顿上空出现一系列异乎寻常的不明飞行物的雷达探测和肉眼目击事件就是这样:政府情报官员担心前苏联可能利用这类事件引发美国国内的恐慌,于是他们成立了一个由5位科学家组成的小组,秘密研究"蓝本计划"所收集的数据,并制定相关的安全战略。

(6)罗伯逊小组。

成立后的4天里,5位科学家研究了几个目击报告和两段关于不明飞行物的胶片,然后宣布官方的进一步研究无异于"大量浪费精力"。以组长、中央情报局雇员、物理学家罗伯逊的姓氏命名的这个小组还呼吁开展公众"揭穿真相"的运动,它"旨在降低公众对于'飞碟'的兴趣"。此外,它敦促当局"监视"那些由普通公民组成的不明飞行物研究团体,"因为它们对于大众的思维具有潜在的巨大影响",并指出"应该牢记这些团体有可能被利用进行颠覆活动"。

尽管多年来罗伯逊小组及其建议一直是个秘密,但是他们对于不明飞行物研究过程无疑具有巨大的影响。空军几乎立即减少了对"蓝本计划"的拨款和重视,该计划也不再注意目击事件。曾参加"蓝本计划"会议的空军首席科学顾问艾伦·海尼克为此抱怨道:"罗伯逊小组使得不明飞行物从科学上变得不可接受,在将近20年的时间里,我们没有给予这个问题足够的关注,以至于未能获得决定不明飞行物现象本质所需的必要数据。"

(7)空军忽视自己的思想库。

1955年出版的《蓝本计划第14号特别报告》,是一个类似的官方掩饰行为。该报告包括了战争纪念研究所的3年研究成果。空军要求作为

思想库的战争纪念研究所就不明飞行物提供该研究报告。这项名为"鹳鹤计划"的研究的结论是不明飞行物为异常现象,但确实存在。这可不是空军希望听到的!于是该报告的数据被大量篡改,空军部长唐纳德·夸尔斯借此宣布:"根据这项研究,我们相信从未有像人们广泛描述的飞碟状物体在美国上空飞过。"

由于空军似乎总是拒绝考虑不明飞行物存在的可能性,并且常常编造解释,因此许多人担心这种所谓的"揭穿真相"实际上为的是掩饰真正的担忧。海军陆战队退役少校唐纳德·基侯声称,也许空军很清楚外星访问者的真相,但是担心一旦承认势必导致世界范围的恐慌。

"蓝本计划"的不可信性最终招致了新闻界媒体的讥讽和国会议员的批评。1966 年 4 月,海尼克在众议院武装部队委员会作证时敦促成立一个与政府没有瓜葛的物理学家和社会学家组成的小组,目的是为了"实事求是地审查不明飞行物问题,以明确是否确实存在不明飞行物这一重大问题"。

此时空军急于将不明飞行物目击问题脱手,于是它要求科罗拉多大学进行独立的科学研究。这个以主持研究的物理学家爱德华·康登的姓氏来命名的康登委员会,其实是另一个精心策划的掩饰。康登本人不接受不明飞行物的观点,并且开除所有与他意见相左的调查人员。后来一个被解雇的调查员的著作和一篇《观察》杂志上的文章都揭露说,该委员会的努力如同此前空军所做的一样贫乏无力,为的是掩人耳目。

康登委员会 1966 年出版了题为《不明飞行物的科学研究》的报告。果然不出所料,这个报告认为"对不明飞行物作进一步科学研究可能无法证明,这样做将有助于推动科学的发展"。不过报告也承认即使经过深入的研究,足有三分之一的案件也是无法解释的。正如《蓝本计划第14 号特别报告》一样,这份报告的结论也不是得自报告中的数据。不管

怎样,空军终于得到了结束"蓝本计划"所需的借口。1969 年 12 月 17 日,"蓝本计划"正式终止。

(8)不明飞行物目击的类型。

世界各地均有关于目击不明飞行物的报告,但各国都差不多。通常报告的不明飞行物形状都是碟状或雪茄状的;最近也有报告飞行器形状是三角形的不明飞行物。很少一部分目击的只是夜空中的亮点。这些亮点常常被解释为普通现象——金星、流星或是路过的飞机,但是有时这些普通现象是无论如何无法解释某些奇怪的亮光的。

海尼克在 1972 年出版的《不明飞行物经历》一书中将所有报告分成以下几个大类:夜晚看见的亮光;白天看见的碟子;雷达、肉眼目击;第一类近距离接触(目击证人距离不明飞行物 500 米以内);第二类近距离接触(不明飞行物对环境造成了实际影响);第三类近距离接触(目击不明飞行物同时也目击了某种生命形式)。

不明飞行物存在的最佳证据是雷达、肉眼目击和第二类近距离接触。1956 年 8 月 13 日和 14 日,在英国皇家空军和美国空军共同使用的两个英国基地发生了一起属于第一类的安全报告。高速飞行的不明物体同时被空中和地面雷达跟踪,地面人员和空中的飞行员也都有目击。1981 年 1 月 8 日,在法国普罗旺斯地区发生了一起证明不明飞行物着陆的最佳第二类近距离安全接触。一个老人报告说当他在花园里干活时,看见了"一艘像两只倒扣着又靠着的碟子的船"着陆。该物体在地面上停留了一会才飞走。

着陆地点处有大型交通工具留下的轨迹和印子。于是法国官方的不明飞行物调查机构的"不明飞行物现象研究小组"开始了详细的调查,把土壤、树叶和植物的取样送往法国最好的植物实验室检验。1983 年,"不明飞行物现象研究组"就上述检验发表了长达 66 页的调查报告,指出送

检树叶神秘地失去了 30%至 50%的叶绿素,其迅速衰减的方式也无法在实验室重演。研究结论是案发地点因受到了"大量的、机械的和加热作用,以及可能某些微量矿物质(磷酸盐和锌)出现了转化和堆积"而发生了改变。这使得科学家们相信"确实有类似目击者描述的物体曾降临此处"。

第三类近距离接触通常是最离奇的不明飞行物故事,也最容易引起公众的共鸣。但对于许多研究不明飞行物的学者而言,他们也是最难以接受的。在大多数情况下,目击证人——不管是单独证人还是群体证人——似乎都是真实可信的,对他们的心理测验也显示他们思维正常。第三类近距离接触包括短暂目击类人生物(几乎所有第三类近距离接触都报告说看见类人生物)和绑架事件,即目击者被不明飞行物强行带走,外星人在他们身上进行各种奇怪的实验。

最离奇的一宗第三类近距离接触案例发生在巴布亚新几内亚的波依阿纳。1959 年 6 月 26 日和 27 日夜晚,来自澳大利亚圣公会的传教士吉尔神父同其他 30 多位目击证人一道看见一个盘旋的不明飞行物里有闪闪发光的类人生物。吉尔认为它们"正忙于从事某种未知的工作"。27 日第二次目击时,他和其他人一道向这些类人生物挥手致意,它们竟然也挥手回礼。

(9)不明飞行物的玩笑和接触。

许多人认为有关不明飞行物的报告是恶作剧和玩笑。实际上,绝大部分不明飞行物目击者是诚实的,开玩笑的情况实在很少。即使空军也发现只有百分之一的报告存在着恶作剧的成分,而它们当中主要是伪造相片,因为相片比较容易伪造。当然,开玩笑的情况确实也有。例如,肯尼思·阿诺德 1947 年目击"飞碟"后几天,华盛顿州塔科马地区的两个人向公众展示了一些熔化的金属。他们声称那是在附近毛里岛上空盘旋的"飞行面包圈"上掉下来的。恰巧在调查这件案件的过程中,两名

陆军航空兵军官死于一场坠机事故。于是流言不胫而走,说他们知道得太多因此被谋杀了。然而这两人的故事最终被证明是一个无法收场的玩笑。从20世纪50年代以来,不断有主要来自南加利福尼亚州的形形色色的人物宣称他们同来自金星、火星、土星或其他行星的造访者有过接触。这些"接触者"中的许多人都讲述了宇宙旅行和同外星人或"宇宙兄弟"见面的故事。作为证据,他们同时展示了清楚得出奇的宇宙飞船的特写照片和故意虚化的宇宙兄弟的相片。

最著名的接触者是乔治·亚当斯基。他的历险始于1952年11月20日。据他报告说,当时他在加利福尼亚州沙漠中见到了来自金星的访问者奥松。其他的一些人也声称碰到过,并通过写书和作报告来讲述他们的经历,吸引了众多对不明飞行物中奇异的、不可思议的外星生物相貌极其着迷的追随者。尽管接触者的故事常常被揭穿成为令人难堪的谎言,但是相信他们故事的人却始终坚持自己的信念。

事实上,大部分接触者们都不是恶作剧者,他们中许多人相信哪怕没有身体接触,自己也同外星人进行了心理的或是精神的接触。心理接触者们没有提供见面"证据"的压力,但他们却以某种强烈的、甚至令人震惊的方式表示了他们的信念。例如,格洛丽亚·李在来自木星的朋友的授意下匆匆自杀身亡。另有,伊利诺斯州橡树园的多罗茜·马丁通过自动书写(似乎由外太空力量指挥的不用思考的书写)的方式收到宇宙人萨南达的消息,警告她1954年12月20日会发生可怕的地质灾难。她和她的追随者们向报社发出了警报,辞去了他们的工作,计划在可怕的那天乘太空船逃离。当飞碟最终未能出现时,马丁一伙人让全世界都笑掉了大牙。

(10)关于不明飞行物的理论。

到20世纪60年代中期为止,关于不明飞行物有两种主要的解释:一种认为不明飞行物是恶作剧或者错误判定;另一种认为它们是来自

另外世界的太空物体。持第一种理论的代表人物是哈佛大学天文学家唐纳德·门泽尔；第二种理论的主要支持者是飞机题材作家唐纳德·基侯。两人分别著书和发表文章，宣传他们各自的立场并赢得了科学界、政府和军方的强有力支持。

到了 20 世纪末，一些不明飞行物学家开始考虑对不明飞行物事件作新的解释。他们开始相信解开这个谜的关键在于那些最古怪的报告。传统的不明飞行物学家着重于对可信度、记录文件和证据考虑，过去这些报告往往被讥笑或忽视。还有些不明飞行物学家开始认识到，那些接触故事并没有涉及来自其他行星的活生生的造访者，它们只是出现在证人的想像中。也许接触的经历通常只是栩栩如生的梦；也许外星人绑架案不过是从前"神仙绑架"故事在今天太空时代的翻版。在不明飞行物研究领域，特别是在欧洲，这种认为不明飞行物经历其实是"社会心理"的解释逐渐成为了主流。

(11)坠机和掩饰。

然而对不明飞行物的社会心理研究在美国却未能持续太久。其中一个原因是由于《信息自由法》的出台，20 世纪 70 年代后期，许多政府曾经保密的不明飞行物报告被公开了出来。许多著名的雷达、肉眼目击案例的解密，使传统的不明飞行物学家为之一振。这些新发现再次激起了对政府涉嫌对不明飞行物进行掩饰的怀疑。

基侯和其他怀疑政府有意隐瞒的人认为空军仍然隐藏了一些雷达跟踪报告、胶片和曾与不明飞行物进行过接触的飞行员的证词。有些人甚至认为空军还可能隐藏了宇宙来访者的更为强有力的证据，比如坠毁的飞碟的遗骸和其中的驾驶员的遗体。由于没有现存的证据来支持这些怀疑，这些故事是无法成立的。从 20 世纪 70 年代后期开始，不明飞行物学家列昂纳德·斯特林菲尔德开始收集报告，采访那些声称了解

第一手此类证据的人。

另外两个不明飞行物学家斯坦顿·弗里德曼和威廉·摩尔集中研究一起特殊的事件，即1947年7月初在新墨西哥州的林肯郡可能发生了的不明飞行物坠毁事件。他们采访了30多个直接涉及此事的人，并同50多个间接涉及此事的人进行了交谈。几年后，坐落在芝加哥的艾伦·海尼克不明飞行物研究中心(CUFOS)也开展了自己的研究，下至地区机构，上至空军将军，总共调查了400多个消息来源。

这起"罗斯韦尔事件"(以位于新墨西哥州罗斯韦尔地区的空军第一个调查基地命名)记录翔实，确实令人费解。不出他们的所料，有时弗里德曼和摩尔所采访到的故事听上去确实太过神乎其神。比如有的故事不仅讲述了飞船坠毁，而且还有外星人同美国政府官员之间的会面。一个同事件密切相关的调查员说，某些军方和情报机构的内部人员曾许诺，向他提供"整整一卡车的记录文件"以证明他们故事的可信性，但最终只提供了少量文件。最令人吃惊的文件装在一封1984年12月寄来的却没有寄出地址的信封里。

在那个信封里有一卷35毫米胶片，冲洗出来后展现了1952年11月18日向总统呈交的简要报告的一部分。看上去那像是海军中将罗斯科·希伦科特告诉当选总统德怀特·艾森豪威尔两起不明飞行物坠毁事件。一起1947年发生在罗斯韦尔，另一起1950年发生在得克萨斯州和墨西哥边界。它还提到了"魔术—12行动"：一次由科学家、军方和情报机构共同组织的对飞船遗骸和太空生物进行研究的行动。这种太空生物被称为"外星生物实体"，简称BBE。

(12)不明飞行物学说的未来。

近年来，越来越多的社会学家和精神保健专业人士对不明飞行物的研究产生了兴趣。他们特别着迷于正常人所报告的被不明飞行物绑

架的事件。这些专业人士急于知道这类经历究竟源自个人的臆想还是确实来自外部实际存在的世界。

(13)不明飞船。

有关不明飞船的报告可以追溯到 19 世纪末 20 世纪初，此后在 20 世纪 40 年代不明飞行物现象盛行一时。我们所知的第一篇关于"飞船"的发表文章刊登在 1880 年 3 月 29 日出版的《新墨西哥圣菲周报》上。该报报道说，在 3 月 26 日晚，加利斯蒂欧村的目击者们看到一个"巨大的气球"掠过头顶，而且还听见上面乘客发出欢呼声。从这个物体上扔下了几个奇怪的东西：一些"非常特殊的手工艺品"和一朵"散发着香味的鲜花，上面系着一条纤细的丝质字条，字条上的文字如同日本茶具上的一样"。次日晚间，一个美籍华裔访客说字条上记载的是他女友捎来的消息。根据这个故事，她是飞船上的一名乘客，当时正飞往纽约。

像 19 世纪末报纸上刊登的许多其他飞船故事一样，我们几乎可以肯定这则故事说的都是大话。当时的美国报纸倾向于把飞船目击作为

玩笑,事实上许多都是它们编造的。此前,显得更加可信的故事都是在美国和其他国家炮制的。如果这些目击发生在几十年后的 20 世纪下半叶,人们一定会把这些奇怪的飞船当作不明飞行物的。事实上,直到今天仍有人目击到类似飞船的物体——其形状像雪茄,两边有多彩的灯光,而且开着探照灯。

1892 年,在德国和俄罗斯占领的波兰边界出现了一起令人震惊的飞船报告。如同后来的飞船恐惧症那样,人们认为德国已经发明了能够逆风飞行(气球是不能顶风飞的)、能够长时间盘旋的飞机。当时并不存在这种飞机,即使是 1896 年加利福尼亚州出现飞船恐惧症时也还没有这种飞机。

(14)加利福尼亚飞船恐惧症。

从 1896 年 11 月中旬起,加利福尼亚州城乡两地均有许多人报告说,晚上看见了快速移动或静止的光亮,可能与飞船有关。11 月 22 日的《圣弗朗西斯科号令报》上登载了一则白天目击者的报道:一个连续移动的“气球”“底部闪烁着灯光,腹部前后两端均有类似翅膀的东西”。12 月 1 日的《奥克兰先驱报》也报道说有人目击了“一个长达 100 米以上的长着鱼尾的巨大的黑色‘雪茄’”,它的表面“看上去像是铝制的”。在其他的案例中,目击者们报告的飞船还有螺旋桨。

这一次,报界关注的是圣弗朗西斯科的一个名叫乔治·科林斯的律师。他声称自己不仅是飞船发明者的代表律师,而且亲自见过那艘神奇的飞船,不过后来他对此都否认了。谣传发明者是来自缅因州的牙医本杰明,他喜欢摆弄机器。尽管本杰明坚持说自己的“发明只与牙科有关”,有些人还是不相信他。最终本杰明被烦得只好逃之夭夭。记者甚至闯入他的诊所寻找证据,但只找到一些补牙用的填充物。

后来,根据《奥克兰先驱报》上的一篇文章,加利福尼亚州前总检察

长哈特声称自己将担任神秘飞船发明者的代表律师。他还说科林斯由于口风不紧已被辞退。但是事实证明哈特本人更为饶舌,因为他竟然说实际存在两艘飞船,并将被用于轰炸位于古巴的哈瓦那的西班牙军港。当受到初始证据的压力时,哈特像科林斯一样食言,承认自己并未亲眼见过发明物,只见过自己声称是发明家的某人。

加利福尼亚飞船恐惧症很快就消散了。但是1897年2月,内布拉斯加州的报纸又开始报道有人在乡村地区目击了以"极高的速度"移动的光亮。据2月6日的《奥马哈每日蜜蜂报》报道,2月4日在依纳威尔村目击证人们从近距离目击了发出光亮的物体。那是一个长30米至40米的圆锥体,"一侧有两个翅膀,还有一个扇形的舵"。之后的几个星期里,在内布拉斯加州和相邻的堪萨斯州像一阵风似地出现了许多目击事件。到了4月初,飞船似乎一会儿转向东、一会儿转向北、一会儿又转向南,总之该月份的报纸上充满了目击、谣言和吹牛的大话。

(15)更多的恶作剧。

如同加利福尼亚州出现的情形,这些值得怀疑的许多故事都把焦点放在了神秘的发明者身上。有的描述指出飞船曾经着陆过,作为飞船上乘客的普通美国人甚至向目击人表明了自己的身份,并讲述了自己的旅行计划。这些同空中旅行者的"交谈"在报纸上刊登的故事里被逐字逐句地写了出来。尽管有人把它们当成严肃的新闻,实际上这些描述几乎完全都是由那些富于想像的作者提供的。

其他的恶作剧都想说明的一点是这些神秘的飞船来自外太空。堪萨斯州的一个牧民发誓说,他的儿子和他的雇用工看见飞船上外形奇怪的生物用绳索套住并偷走了他家屋外畜栏里的一头小牛。尽管这个大话引起了广泛的关注(20世纪60年代的不明飞行物文学再次发掘并出版了这个故事),但是最终人们发现那是该牧民和他所在的谎言俱乐

部的哥们儿共同制造的恶作剧。

与此类似的是，1897 年 4 月 19 日的《达拉斯晨报》刊登了得克萨斯州奥罗拉村的一个关于当地发生飞船坠毁事故、飞船上的唯一乘客一个火星人——被埋葬在当地公墓的报道。尽管这也是一个编造的玩笑，但 20 世纪六七十年代对此又进行的老调重弹，还是吸引了几个扛着铁锹的搜寻者来到了这个即将消失的小村庄。

但是在这些玩笑中，还是有一些关于有翼或无翼的雪茄形状物体及夜间目击亮光的真实报道。也许在这些大话和愚蠢背后充满各种不明飞行物的现代潮流正在兴起。

(16)发生在 20 世纪的目击事件。

尽管到 1897 年 5 月目击恐慌症才逐步偃旗息鼓，但是关于飞船的报告一直写入了 20 世纪。例如 1900 年夏天，威斯康星州里首布尔格地区的两个年轻人就看见了夜空中有巨大的软式飞船盘旋。当它掠过一片树林上空时，尽管当夜很平静，但树枝仿佛被一阵强风吹弯了。1901 年 3 月 15 日新墨西哥州的《银城企业报》甚至报道说当地的一个医生拍摄到了一艘飞船的清晰照片，只不过照片丢了。

1901 年，在英国、美国、新西兰和澳大利亚都掀起了一轮飞船目击浪潮。在英国，目击始于 3 月。目击的大部分飞船都是鱼雷状的、速度很快、亮着闪烁灯和探照灯；这使人们重新产生了类似 15 年前发生在东欧、仍未解决的对德国高空间谍的恐惧。在美国，这一轮新的飞船目击使人们怀疑起秘密的发明者。

新西兰的目击浪潮在 1901 年 7 月首先开始于南岛南部，然后向北部蔓延。同其他飞船恐惧症一样，一些目击证人声称他们见到的飞船里有长得像人的生物。有一起案件据说发生在 8 月 3 日，一个外帕瓦地区的居民报告说飞船上的一名乘客曾用一种听不懂的语言向他喊话。在

另一起报告中,一个船夫说他受到飞船发射的"导弹"的攻击,幸亏只击中了水面。同年8月,澳大利亚也出现了少数几起目击事件。

1912年又有一轮飞船目击浪潮席卷了整个欧洲。大部分飞船据说都是巨大的雪茄状,而且开着明亮的探照灯。有极少几宗报告里还提到了翅膀。像以前的故事一样,飞船都能盘旋甚至逆风高速移动。这一轮浪潮到了次年4月才逐渐停歇,但在欧洲和其他地方还不时出现关于飞船的报告。

例如1914年10月10日,英国曼彻斯特的一个居民声称他看见迎着太阳飞过一个"黝黑的纺锤形物体"。据说早在1918年的一个晚上在得克萨斯州韦科郡里奇菲尔德上空也飞过了一个至少长达100米的雪茄状物体。证人们说自己有一种"这辈子最奇怪的感觉"。1927年夏天,在肯塔基州沃尔夫郡上空也出现了一艘飞船。一个目击者把它比作"完全就像一条大鱼,前面长着大鳍,后面长着小鳍"。

20世纪20年代以后,尽管仍有报道,但很少再有人把雪茄状不明物体称作"飞船"。1946年10月9日加利福尼亚州圣迭戈市有人看见了类似飞船物体,他们将之比作"长着翅膀的大蝙蝠"。次年2月,在古巴哈瓦那上空也出现了类似的物体。

堪萨斯州匹兹堡市的一名电台音乐人说,他1952年8月25日清晨5:50开车上班途中遇上了一个75米长的家伙。透过它上面的窗子他看到了一个晃动上半身的人。他对空军调查人员说,那个不明飞行物外部边缘上有"一系列排得紧密的直径6英寸至8英寸的螺旋桨"。1967年2月6日上午,当露丝·福特开车行驶在新墨西哥州的德明和拉斯克鲁塞之间时,她看见了两个快速移动的"雪茄状物体",但里面一个人也看不见。

形形色色的飞碟

一般来说,飞碟的形状是一个盘子上放着一个圆形的东西,可有人的发现与此不同。1973年2月11日夜晚,英国的德塞特州亨吉斯特贝利,当地的报纸《晚间音乐回声》的记者卡尔·惠特里先生所看到的飞碟的形状是环状的、车轮一般的模样,窗户和星点模样的东西都围在那上面。

同卡尔在一起的渔夫麦克·派卡,他们两人用望远镜观察了45分钟。车轮形的飞碟倾斜得很厉害,放出耀眼的光芒,慢慢地朝西面飞去。看上去整个飞行体缓缓地转动着。

当天晚上是个满月之夜,不可能把云彩、飞机和气球误认为飞碟。而且它的高度使人把轮廓看得很清楚,不可能搞错。人们把它推断为:那可能是一只UFO的母舰或者是UFO基地。

加拿大安大略州明顿的波休康格湖的周围,从1973年12月开始,人们不断地发现奇怪的飞行体,数量很多,集中在湖边出现。终于在1974年5月有人忍不住向国防部提出申请,要求调查此事。提出申请的人是当地居民安休利·卢纳姆先生。

根据卢纳姆夫妇的反映,UFO几乎每天出现,三角形和椭圆形都有,发光的颜色也很多,什么红色的、蓝色的、绿色的和白色的,真所谓形形色色,不一而足。还有九根天线插在上面,灯光一亮一暗,好像在跟什么地方通信联系。

特别是 3 月份发生的事情,那简直是件怪事!从湖边出现的 UFO,接近了居民的住宅,它向住房的窗户射出一道光线,把已经结冰的窗户上的冰霜融化开来,窗户的木框是木头做成的,被加热以后,房间里的人甚至可以闻到那木头烤焦的气味。令人不明白,UFO 此举目的何在。

那一带目击飞碟的人很多, 还有不少飞行员和记者发现在 3 月的雪地上有三角形飞行物留下的痕迹。当地居民被 UFO 搞得心神不宁,卢纳姆先生为此向国家发出呼吁。

同时在别的地方,也有不少人目击了向附近飞去的 UFO。那三个奇怪的物质被送往科学家那里去研究。南加州的地质学博士拉里·道依尔经过仔细研究说,该物质经过了高超温的处理。

"UFO 照射到我的脸上啦!"1973 年 10 月 4 日,美国密苏里州盖普·吉拉尔德的东南面的密苏里医院,大型汽车的司机埃迪·D.威勃先生这么喊道。当威勃太太被热气薰得昏过去的时候,他眼镜的塑料镜片仿佛被火烧过似的,高热烤焦痕迹历历在目。他的眼睛也发红了,一时之间什么都看不见。

根据他们的证词,当他们在高速公路上行驶的时候,从反光镜中看到后面的路上半浮着一个杯形的奇怪物体,红色和黄色的灯一亮一暗地闪烁着,中央部分看上去很费劲似地忽上忽下地转动。

那时威勃先生把睡在身旁的太太叫醒,他把头伸出窗外向后张望,突然一个火球飞过来命中他的脸。他急忙停车,当太太向后面探望时,已经什么都看不见了。

同医院的物理学博士哈莱·鲁特雷基检查了眼镜的镜片,他说,"这里面的物质似乎是被超音速音波所破坏,镜片内部被加热处理了。"

南半球的新西兰,从 1973 年年底到 1974 年左右,目击 UFO 的事件频频发生。这些事情几乎都是与火山爆发同时发生的。"飞碟与火山喷火是不是有连带关系呢?"人们不禁提出这样的问题。

UFO "观摩"世界大战

　　1939年到1945年，是血雨腥风的6年，整个地球都被历史上最可怕的屠杀震撼着(死亡人数达5000多万)。在此期间，空军第一次成为决定因素，不仅决定着陆战和海战的胜负，而且决定着战争的进程，如德军进攻英国、盟军对德国的战略轰炸、日本以及后来美国空军在太平洋战线的胜利等，莫不如此。

　　1944年，冲突各国总共拥有6万架飞机，而主要交战国英、美、苏、德、日每月生产飞机300架。在5个交战大国的军队人数中，空军占35%。飞行员以其特殊的心理和身体素质、复杂的训练以及武器特点，无可争辩地成为军队的王牌。而经常面对死亡，又训练出了他们超常的反应能力。因此，1939—1945年间空军飞行员提供的有关发现不明飞行物体的报告具有特殊的重要性。在这些情况下，任何观察失误都可以排除。参加第二次世界大战的飞机驾驶员不可能看错他们面前的敌机型号，因为，他们的生与死取决于能否快速和准确地发现敌机。

　　在此类报告中，经常提到无法辨明的空中物体的活动，这些由正在执行战斗任务的飞机发出的报告，无疑是有说服力的。显然，报告中描述的两方面情况特别引起交战国参谋部的兴趣，这就是：有关飞行物体所达到的令人难以置信的速度；它们尽管表现出"机敏的好奇心"，但并不参与冲突，不进攻，特别是在受到地球飞机攻击时也不还击。这种难以解释的表现，比采取公开敌对行动更令各国军界担忧，因为，战争结

束后,每个交战国都曾把这些奇怪的空中物体当成是敌人的秘密武器。大国之间相互猜疑,无法理解这些奇怪的空中不速之客的行动和操作方式的各国参谋部,对这种现象展开了认真的考察。早在1942—1943年间,英国、美国和德国都组成了由科学家、军事专家和王牌飞行员组成的研究小组,并配备了现代化的研究仪器和当时最好的飞机。

正如飞行员们所说,这种措施太及时了,因为,在一些王牌空军大队的飞行记录中,越来越频繁地提到了"不明空中现象"。而这些歼击机、侦察机大队是由出色的飞行员和飞机组成的,它们是由大名鼎鼎的驾驶员凯萨达、尤勒、杜里特尔、施拉德、狄雷、贝格兰德或克洛斯特曼(盟军方面),以及诺沃尼、加兰德、戈洛布和冯·格拉夫(德军方面)指挥的。他们的飞行员的空中飞行时间在1000~6000小时之间,每天都在打残酷的硬仗,不可能被怀疑缺乏经验或胆量。但是,可以明显地看出,他们对自己遇到的空中物体的奇特性能感到震惊……

从战争档案中发现,同奇怪的空中物体有过"遭遇"的著名空军大队和中队有如下记录:

——皇家空军方面:英国611、616、415、122和125大队;加拿大124和49大队;挪威177大队;新西兰286大队;自由法国阿尔萨斯374、346和341大队;捷克斯洛伐克311和68大队;波兰303大队,以及国际格拉斯戈602大队和孟买132大队。

——德国空军方面:神鹰JGZ、JG26、JG52和JG53大队。

——美国空军方面:第8、第9军飞行大队。

许多这方面的报告引起了军事家和科学家的共同兴趣。

1942年3月25日,英国皇家空军战略轰炸机大队的波兰籍突击队员罗曼·索宾斯基奉命对德国城市埃森进行夜袭。任务完成后。他驾驶的飞机升到5000米高空,借助漆黑的夜色掩护,返回英国。经过1小时的

艰难飞行,飞出了德国领空。正当索宾斯基和他的伙伴们松了一口气时,后机关炮炮手突然发出警报说,他们的飞机正被一个不明物体跟踪。"是夜空猎手吗?"驾驶员问,他心里想的是危险的德国空军驱逐机。"不,机长先生!"炮手回答,"它不像是一架飞机!没有清晰的轮廓,而且特别明亮!"不一会儿,机上的人员都发现了那个奇怪的物体。它闪着美丽的橘黄色光。于是跟任何处在敌国上空的有经验的驾驶员一样,索宾斯基机长当即作出反应:"我想,这大概是德国人制造出的什么新玩意儿。"于是下令炮手开火。但是,使全体机组人员感到惊愕的是,那只陌生的"飞船"尽管离轰炸机只有将近150米,又被大量炮弹击中,但并不还击,而且显出满不在乎的样子。炮手们惊惶失措,只好停止射击,那个奇怪的物体就这样静静地伴着轰炸机飞行了一刻钟(此间机上人员的神经紧张到了极点),然后突然升高,以难以置信的速度从波兰飞行员的眼前消失了。

1942年3月14日17时35分,德国空军设在挪威巴纳克的秘密基地突然进入紧急状态,因为雷达上显示出一个陌生空中物体正在飞行。基地最优秀的飞行员、工程师费舍上尉立即驾驶一架M—109G型飞机起飞,并成功地在3500米高空截住了该物体。这位德国飞行员后来在报告中写道:"陌生的飞船似乎是金属制造的,形状如一架机身长100米、宽15米的飞机。前端可以看见一种天线一样的装置。尽管没有机翼,也看不见发动机,这艘飞船在飞行中能完全保持水平。我跟踪了它几分钟,然后,它突然升高,以闪电般的速度消失了。"费舍上尉截住它的打算失败了。基地雷达站再没有找到它的影子。尽管这位德国上尉是造诣很高的军事专家,但他承认自己鉴别不出这艘飞船。他深感惊叹的是,它的速度非常快,机身没有机翼却操作异常灵活,而且不倚仗自己的优势把费舍上尉的飞机击落。

1942年2月26日,荷兰巡洋舰"号角号"被一个陌生的空中物体连

续跟踪了 3 个小时。巡洋舰上的船员说那个物体是"一个像铝制的圆盘"。银灰色的"圆盘"并不攻击巡洋舰,而只是好奇地尾随着它,也不害怕舰上全都向它瞄准的炮口。荷兰人发现这个奇怪的物体并无恶意,于是放弃开炮的念头,只是惊愕地注视着空中"圆盘"的复杂操作。为巡洋舰"护航"了 3 个小时之后,"圆盘"突然加速升高,以每小时大约 6000 公里的速度消失了。

1943 年 10 月 14 日,拥有全欧洲最重要的滚珠轴承厂的德国城市施魏因富特遭到盟军的空袭。在这次著名的大空战中,参加攻击这一头等重要目标的有美国空军第 8 军的 700 架"空中堡垒"波音 B17 型和"解放者"联合 B24 型重型轰炸机;担任护航的有 1300 架美国和英国歼击机。空袭的目的达到了,施魏因富特滚珠轴承厂被夷为平地,但盟军损失很大:111 架歼击机被击落,将近 600 架轰炸机被击毁击伤;而德国人只损失了 300 架飞机。德国人在这次空战中投入了 3000 多架飞机,第一次突破了盟军轰炸机的密集队形(每 70 架飞机组成一个方阵)。看来,那个空中战场确实像一个地狱。法国驾驶员皮埃尔·克洛斯特曼把它比做"一个大鱼缸,里面的鱼全发了疯;一场真正的噩梦,任何人除了奋力保命而无暇他顾"。

编入一个 B17 轰炸机方阵的英国少校霍姆斯却报告说,在他的飞机编队到达目标上方开始发起攻击时,一些闪闪发亮的大圆盘突然迅速地靠拢过来。那些奇怪的"飞船"(其大小与一架 B17 型轰炸机差不多),穿过美国轰炸机方阵,似乎对机群的 700 门机关炮的疯狂射击以及地面上无数高射炮组成的火网并不在意。美国飞行员们惊讶地发现那些奇怪的"无翼飞盘"并无恶意,对他们的疯狂射击也不反击,只是静静地飞远了,一点也没有妨碍他们的轰炸。不过,驾驶员们也没有时间按照美国的高贵传统问一问:"这些疯子是什么玩意儿?"因为正在这时,德

国的歼击机群出现了……霍姆斯少校的座机侥幸得以平安返回基地，下飞机后他的第一件事就是向皇家空军统帅部递交了一份详细报告。英国的军事专家和科学家们对报告的内容既感兴趣，又迷惑不解，猜测它们可能是德国人研制出的新型秘密武器，因为飞盘刚巧在德国飞机到来前 10 分钟出现。

1943 年 10 月 24 日，作战部对情报部发出一份指令，命令火速查明这件事。三个月后，英国情报部门汇报说，奇怪的闪电圆盘跟德国空军以及世界上任何一国的飞机都毫无关系……它们纯粹是一些 UFO——不明飞行物。

1943 年 12 月 28 日，从 11 时 45 分起，德国设在赫尔戈兰岛以及汉堡、维腾贝格和诺伊特雷利茨市的雷达站相继发现一大群圆筒形物体以每小时 3000 公里的速度静静地从空中飞过。德国空军拥有当时世界上飞行速度最快的飞机（Me—262：时速 925 公里），但是，德国指挥官们一想到这些魔鬼般空中圆筒可能是盟军投入战斗的新武器时，心中就不寒而栗……

1944 年 2 月 12 日，在许多将领的参与下，在德国的秘密基地孔梅尔多夫发射了第一枚 V-2 型导弹。这次试验的目的是为了检验这种超音速导弹（当时还没有任何武器可以将它截击）的性能。当然，这一事件从头至尾都被拍成电影。但是在冲洗胶片时，技术人员惊愕地发现，他们那无与伦比的导弹在飞行过程中始终被一个不明的圆形物体跟踪。那物体竟然还若无其事地绕着导弹飞行。基地上的人们发现不了那个物体，因为它的飞行速度超过导弹：时速 2000 公里。这件事当然发人深思，引起了巨大恐慌。希特勒和戈林都很恼火，认为盟军通过发射间谍装置把他们寄托全部希望的 V-2 型导弹秘密武器了解得一清二楚，而且敌人研制出的武器超过了它。在他们看来，那个奇怪的飞行物如果不是敌人的武器又是什么呢？可笑的是，英国人也为同样的问题大伤脑筋。

海军元帅严厉地斥责飞行员,因为他们在 1943 年竟然允许一个陌生的物体在英国庞大的海军基地斯卡帕弗洛上空自由自在地翱翔。当然,奥尔卡德群岛基地上的喷火式战斗机没有能够拦截住一个时速达 3000 公里的飞行物体,这对海军元帅来说无关紧要,他只是不失身份地警告皇家空军:"这样的事不容许再次发生!"

1944 年 9 月 29 日,在德国最大的秘密试飞基地正在检验一架 Me-262 型飞机。在 1.2 万米高空,驾驶员发现一艘奇特的飞船,纺锤形,无翼,但是有舷窗和金属天线。据德国驾驶员估计,飞船长度超过 B17 型飞机,它以 2000 公里的时速从基地上方掠过,德国喷气式战斗机尽管超高速飞行,也没有能够截住它。

1944 年 11 月 23 日 22 时,美国空军第 9 军 415 大队的两架野马 P—51 型歼击机在他们设在英国南部的基地上空巡逻。驾驶员 E.舒勒和 F.林格瓦德中尉对这种老一套的飞行腻味了,打算进行一些完全非军事性质的动作,好让基地的雷达兵们开心。突然,两位中尉惊慌地报告说,发现一个由 10 个明亮的大圆盘组成的飞行大队快速地掠过他们上空。两架野马式歼击机立即上仰,组成战斗队形想截住那些奇怪的圆盘。但尽管开足了马力,时速达 730 公里,两个驾驶员仍觉得他们简直是在圆盘后面爬行。基地雷达站指挥官 D.麦尔斯中尉一直注视着这场空中的疯狂追逐,认为"猎物"的速度至少要比"猎人"的大 4 倍,于是建议他们最好放弃跟踪。这正是驾驶员求之不得的,因为他们飞机的发动机已经热得很厉害,有爆炸的危险。就这样,经过 13 分钟毫无结果的追踪之后,两个驾驶员返回了基地,他们汗如雨下,大声地痛骂那些"该死的怪物"。

如此众多的报告汇集到各国参谋部办公桌上来,终于使军界要员们恼羞成怒,三个空军大国(美、英、德)政府命令着手进行一系列正式的(当然是秘密的)调查。在美国空军的强烈要求下,情报部门早在 1942 年

率先开始调查。但是,鉴于这些空中不速之客的表现,总的看来并不构成对盟军的威胁,而且它们不太可能属于德国人,这个问题被排除出了紧急军务之列,只是建议专家们继续进行研究。可是由于某种原因,美国空军一点也不喜欢在这些陌生的空中物体(不论它们属于谁)面前表现出明显的低人一等。于是,美国空军就同不明飞行物结下了"深仇大恨",这种情况至今还给美国官方对飞碟的态度打下了烙印。可是在英国,皇家空军成立了一个由许多科学家和航空工程师组成的专门小组和一个受过专门训练、配备有英国最先进飞机的拦截大队。该小组由空军元帅 L.梅塞领导,这充分证明英国空军对研究不明飞行物的重视。这些研究是为了弄清这些经常出现在盟军飞机附近,而飞机上的火炮损伤不了它们一根毫毛的物体究竟来自何处,它们行动的目的是什么。不幸的是,飞碟研究小组得出的结论过去和现在都是"绝密"……在德国,空军对飞碟的兴趣也一样大。1942 年,成立了"13 号专门小组"。从那时起,直到1945 年,这个小组在"天王星行动"计划内,一直从事对奇怪空中物体的研究。这个小组拥有第一流的专家和最先进的仪器,而且在那样一个时期,当国内一切资源都用于前线时,还调了整整一个 Me-262 型飞机中队供小组使用。这充分说明,德国空军意识到必须高度重视这个问题。

当然,在历史上这场最可怕的战争中,交战各国的空军参谋部都不太情愿考虑这些飞行物体有可能是一些外星文明的信使。普遍同意的理论认为这些飞行物属于敌方,而它们同我方飞机相比所具有的明显优势性造成了内心的恐惧。在战争结束之后,当研究专家们有可能看到部分档案时,这种恐惧才被暴露出来。弄清一些问题,以保持公众舆论的斗志,这种办法在战争期间经常使用,战后也被延续下来。今天人们对待飞碟的态度和方式仍然打着它的烙印。

与 UFO 之战

　　1952 年 7 月 9 日午夜,美国华盛顿机场的值班军官科克林,突然发现荧光屏上出现了一个奇异的亮点,而且越来越大,他立即向控制中心发出警报。指挥员把电话直拨到空军司令部:"飞碟出现在华盛顿上空,绝对可靠! "两分钟后,两架歼击机腾空而起,冲向夜幕。在空中,飞行员看到许多飞碟,排成一行一行的,其中有 3 只飞碟编成一列,在美国国会大厦的上空盘旋。飞行员如临大敌,拼命加速逼近这群飞碟。当飞碟进入飞机射程之内时,飞碟却突然来了个 180 度的大转弯,并以令人难以置信的高速度,垂直腾升到高空。两架歼击机终因油料耗尽,被迫返航。

　　1976 年 9 月,一份来自伊朗对"五角大楼"的秘密报告说:两架 F—4 型歼击机无意中和一群飞碟相遇,其中一只飞碟脱离"母群",直向飞机袭来,恣意妄为地追逐飞机。驾驶员担心它心怀恶意,只好硬着头皮一面与它周旋,一面把空对空导弹悄悄瞄准了它,准备将其击落。当导弹即将发射时,发射系统的电子装置突然出了毛病。4 名驾驶员只好掉转机头仓皇逃走。幸好那只飞碟放弃了追逐,转瞬间也消失了。事后,两名驾驶员一致证明,瞄准飞碟时,导弹发射装置安全处于正常状态。

　　阿卡迪夫·伊凡诺维奇·阿布拉克辛是一位功勋卓著的前苏联空军飞行员,曾获得过红星勋章、红旗勋章和卫国战争一级勋章。1948 年 6 月 16 日,阿布拉克辛试飞一架最新式的前苏联喷气机。当他升上天空不

154

久，突然发现一个呈"黄瓜"形的不明飞行物正向他横冲过来，这个古怪的飞行物放射出锥状光束，并不断下降。他当即向设在巴桑切克的卡普斯汀空军基地报告，基地也发现了这个飞行物，进行了雷达跟踪，并且命令阿布拉克辛强迫这飞行物着陆，如果它拒绝着陆就向它开火。阿布拉克辛受命后迅速向飞行物靠近，当他距飞行物大约十公里时，飞行物突然发出扇状光束直射飞机，阿布拉克辛在这束光的强烈照耀下，觉得头晕目眩，并惊愕地发现整个电子控制系统以及发动机均失去控制。阿布拉克辛大惊失色，因为他不但失去了进攻那个飞行物的能力，而且自己被推向危险的边缘，所以只好紧急滑翔着陆。1951年12月20日，3架佩刀式飞机从美国太平洋海岸的俄勒冈州的一个空军基地起飞，进行例行训练。上尉斯科特指挥这次飞行，鲍威尔和哈德利是他的僚机。当飞机飞到6000米高空时，无线电联系的讯号灯亮了，距飞机200公里以外的一个雷达站发来讯号：空中一不明飞行物刚刚飞经波特兰基地上空，从东南飞往西北，命令在本区域飞行的所有战斗机进行截击。斯科特命令3架佩刀式战斗机编成战斗队形，上升到33000米进行搜索。不一会儿僚机鲍威尔嚷道："在50度方向发现了它！"此刻，在3架飞机稍低的空中，出现了一个黑点并迅速变大，眼看就要从飞机前方飞过。

"小伙子们，朝我靠拢！"斯科特喊道，他好像异常激动。3架佩刀式飞机加大速度，向那个飞行物与飞机航道的交叉点冲去。那个飞行物距交叉点不到1000米时，地面导航人员听到了哈德利的声音："真令人难以置信！"接下来是斯科特的喊叫声："摄影机！……"

以后，便什么也听不到了。

两分钟后，3架被烧焦了的截击机残骸，散落在方圆5公里的范围内。地面雷达操纵人员曾看到那3个掠过战斗机的黑点不明飞行物，尔后却蓦然消失了，那个不明飞行物加快速度飞走了。

20世纪50年代类似这样的报告层出不穷，有的向UFO发射奈基式导弹，非但没有损害UFO一根毫毛，反而被它一口吞了。有的追击UFO，UFO射出一股光线，如同威力强大的"曳光弹"，战斗机在高空奇异地爆炸了，等等。人们目瞪口呆，不得不正视UFO对地球的进攻。1955年前苏联国防部秘密成立了研究组织，与此同时，美国、英国、法国的情报部门的首脑在日内瓦聚会，秘密研究对付UFO的对策。然而，面对神秘而威力巨大的UFO，地球人类好像毫无办法，一下子失去了抵御的能力。但是在这场力量悬殊的战斗中，人类并不甘心自己的失败，他们不再把不明飞行物误当为敌人的秘密武器，也不再闭目无视它的存在，而是当作实实在在的对手，进行英勇而又悲壮的反击。

1967年3月间，据古巴防空雷达控制站报告，古巴西北部空域出现了一个来历不明的飞行物——UFO，它的飞行高度约1万米，时速为1045公里。

两架米格—21喷气式截击机接到古巴防空司令部的命令，带着4枚K—13A式空对空导弹紧急起飞，截击该物，长机飞行员在无线电里报告了这个飞行物的情况：它是一个发光的球形金属飞行器。在8公里范围内没有发现它涂有任何国徽和其他标志。古巴防空司令部当即对长机飞行员下达了命令："击落目标！"

几秒钟后，按理这段时间长机足可以将导弹发射出去，击落目标，但事情却相反，僚机飞行员对地面指挥塔大喊大叫，说长机已经爆炸！进一步的报告表明，那架飞机已完全解体，却未见到烟柱和火焰。而那个UFO却升到了3万米高空，逍遥自在地朝东南方向的南美大陆飞去了。

UFO"调戏"英美空军

1978年10月18日,劳伦斯·科因中尉和三名机组人员,驾驶一架美国空军直升机从俄亥俄州哥伦布飞往克里夫兰。40分钟后,他们飞抵曼斯菲尔德上空,高度为750米。这时,一名机组人员发现一闪着红光的物体正高速从东部靠近飞机。科因中尉立即将飞机下降到510米以避免相撞。

在离飞机大约150米,这个不明飞行物突然停下来。科因中尉注意到这是一个巨大的灰色金属飞船,大约有18米长,形状像流线型的扁雪茄。它前部边缘闪烁着红光,后部闪着绿灯,中间有圆盖。一盏绿灯突然旋转起来,绿色灯光照亮了直升机的座舱。科因赶紧用无线电发出SOS信号,但无线电装置莫名其妙突然失灵,既不能发送信号,也不能接收信号。后来他检查了一下仪器盘和气表盘,发现这架直升机正升入高空。

"我简直不敢相信,"他说,"高度已达到1000米,我并没有拉升高操纵杆。所有控制系统似乎已被某种力量设定为上升,我们在几秒钟从510米爬到了1000米,没感到压抑或呼吸困难,没有噪音,没有骚动。"

最后,机组人员感到了一下轻微的弹跳,那个UFO向西北呈之字形飞去。7分钟后,直升机上的无线电装置又自动恢复正常状态。

另一起更为奇特的UFO跟踪事件发生在1965年2月5日夜,美国国防部租用的飞虎航空公司的一架班机飞越太平洋,向日本运送飞行

员和战士。大约在东京时间1点钟,机载雷达测得空中有三个巨大的物体在高速飞行。

起初,飞机驾驶员和雷达员以为仪器出了毛病,因为他们从未见雷达上出现这么大的三个亮点。可是,说时迟那里快,他们上方和左侧方立即出现了一道红色光。几秒钟后,机长发现了空中有三个巨大的椭圆形物体。它们以令人吃惊的速度排着紧密的队形向下俯冲,似乎向他们的飞机直扑而来。

机长当机立断,马上转弯回避,那三个飞行物也很快改航,突然减速,相互紧挨,大体与飞机飞行在同一高度。

据雷达显示计算,三个飞行物距飞机大约相距8000米,但它们的体积看上去仍大得惊人,对此,飞行员都觉得是一个谜,更觉得是威胁。机上人员精力高度集中,一个个瞪大眼睛注视着这三个庞大的怪物,生怕有什么事发生。

几分钟过去了,十分奇怪的是三个不明飞行物似乎不打算靠近飞机,仅仅满足于尾随而已。这时,机长派去观察的一个机组人员带回了一个随机同行的美国军官。机长正准备向日本的冲绳呼叫,希望地面派喷气式战斗机来护航,以防遭受庞大怪物的袭击。可是这个美国军官仔细观察了那三个物体之后,耐心地劝阻了机长。他认为即使喷气式战斗机及时赶到也无济于事,相反,如果招来对方的攻击,后果不堪设想。

又过了几分钟,三个怪物赶了上来,与飞机并肩飞行。这时,飞机里乱成一团,紧张的气氛到了快要爆炸的程度。突然,三个飞行物向高度升腾,以2000公里/小时的高速离去,转眼之间就消失得无影无踪。

飞机在紧张的气氛中降落了。空军情报员立即向五角大楼发了密码电报,报告了不明飞行物骚扰飞机的经过。应机长请求仔细观察飞碟的美国军官的估计,那些庞大的飞碟长度起码有700米。

一个月后，美国全国大气现象调查委员会得到一份在日本服役的美军上尉签署的报告。经过分析之后，这个案例刊登在该委员会的公报上。不过根据一位心理学家的建议，飞碟的规模被缩小到250米。

还有一次，发生在1955年3月6日，美国帕里斯基地的空军飞行员梅特卡夫正和队友编队飞行，突然惊愕看到，一个巨型飞行物倏然出现在相隔数百米之外的队友所驾驶的飞机后面，敞开一个宽大的口，将这架喷气式轰炸机整个吸吞进去，当开口合拢之后，这个来历不明的飞行物便像幻觉一样消失在梅特卡夫眼前。

这个来历不明的飞行物究竟是什么东西，谁也不知道，据亲眼目睹的梅特卡夫说，此物的形状像磁性鱼雷与蜘蛛的混合物，面目可憎，他也只提供这么多的线索。

在英国也发生过飞碟跟踪飞机的案例。

1956年，英国剑桥郡和萨福克郡的几个镇上空，经常出现 UFO，英国皇家空军飞机多次紧急升空，但 UFO 每次都像在做空中游戏一样，都要把皇家空军的战斗机戏弄一番。

1956年8月13日上午9时30分，空军雷达员本特·沃特斯看到一个物体正以每小时5000公里的高速掠过屏幕，接着又发现一组物体追踪着它到了海上，它们似乎成串地进入了这个静止的大物体之中，然后一起消失了。

本特·沃特斯提醒此部雷达站的人注意。莱肯墨斯站的人也在屏幕上清晰地看到了这个物体。他们发现，这个物体疯狂地改变方向，以锐角不停顿地飞翔，从静止状态突然以极快的速度行驶，其飞行性能简直令人迷惑不解。

两架喷气式战斗机起飞前往拦截，但升空后却没有发现 UFO 的任何踪迹，只有返航，然后一架装备了噪声雷达的维诺姆单座战斗机由地

机导航又从海滨起飞。这架战斗机升空后,却发现那个 UFO 正在莱肯黑斯上空静止不动,清晰可见。

飞行员开动了雷达和"炮锁",还没来得及有所行动,突然发现 UFO "失踪"了。他赶紧询问地面控制中心:"它跑到哪里去了?"地面控制中心回答:"罗格,它出现了,它在战斗机后面,分解成两个不同的单元,一个接着一个,紧紧锁住了那架战斗机。"

飞碟不仅戏弄英美空军,甚至连一般的民航客机和货机都不放过,试举以下几例:

1967 年 2 月 2 日,一架秘鲁航空公司的 DC—K 客机,载着 52 名乘客从皮乌拉飞往利马,途中被不明飞行物追戏了差不多 300 公里。飞机飞到奇克拉的上空时,高度为 2000 米,机长奥斯瓦尔·桑比蒂在飞机右侧发现一个发光体,虽然离客机尚有几公里之遥,但它强烈的光芒仍可令各乘客看清。那是一个倒锥体模样的飞行物,它的速度、方向、高度都大体与飞机相同,与飞机并列飞行。

不久,那个飞行物显示出极为高超的杂技般技巧,翻着跟斗,做着奇怪的动作,一会儿垂直上升,一会儿飘然下降……不知怎的,它猛然朝飞机冲来,飞机已经无法回避,机上的乘客吓得面无人色,有的甚至大哭起来,可是它抬一抬头,又从飞机顶上匆匆掠过。它的底部像个漏斗,上面直径约有 70 米。令人不安和恐惧的是,它掠过飞机之后,飞机的电子设备全部失灵,无法和利马机场或其他机场取得联系。飞行物跟踪大约一个小时后离去。52 名大难不死的旅客都是活生生的证人。

1982 年 4 月 13 日早晨 5 时 15 分,西班牙利阿里群岛的桑塔尼军事基地上空,出现了 6 个盘状物,悬浮在一架正在装货的飞机尾部上方。它像一只倒扣的菜碟,上部发光,下部较暗,无声响,不一会又腾向高空,与另外五个盘状飞行物会合,去拦截一架正在航行的大型运输机。

此时,基地雷达测得 6 个飞行物反射回波,看见它们摆成"IV"字形挡在运输机的前方。指挥中心立即命令一架战斗机紧急升空,试图驱散正编队飞行的不明飞行物。战斗机升空之后,那 6 个盘状飞行物仍然且退且拦,并随运输机的速度变化或快或慢,一点没有离去的样子。战斗机靠近运输机时,那 6 个不明飞行物突然收到一起,好像合成了一个整体,转眼间就快速离去,消失得无影无踪。据运输机长说,不明飞行物缠住他的时间起码有 30 分钟,而这些飞行物出现于机场上空直至消逝,先后持续达 18 分钟。

1986 年 12 月 7 日黄昏,一架波音 747 货机由巴黎飞往东京,在经过美国阿拉斯加上空时,机长突然发现在飞机左前方偏下约 600 米处闪现两束灯光,并以与该日航货机相同的速度相伴飞行。7 分钟后,不明飞行物突然向飞机靠近,在距飞机 150 米左右的地方突然放射出刺眼的强光,顿时照得舱内通亮,机组人员同时感到一股热浪逼来。几分钟后,不明飞行物又回复先前情况,继续在机前导航般飞行。机组人员观察到,不明飞物像正方形,中间部分黑暗,左右两端三分之一部分有无数个像喷嘴似的物件。白炽灯似的亮光从这些喷嘴里射出来。

突然,不明飞行物消失在飞机左前方大约 40 米的地方。大家正暗自庆幸之际,它猛地又在左前方出现了。地面指挥塔此时命令一架正与日航货机逆向飞来的美国飞机协助侦察该空域的不明飞行物,而就在美、日两架飞机交错而过的刹那,它又失去了踪影。

半小时后,不明飞行物再度出现。在靠近费尔邦克斯市区上空时,由于地面灯光照亮,机组人员第一次看清不明飞行物体的实体。原来它竟是一个比航空母舰大两倍的巨型球状飞行物,直径足有大型货机的几十倍。

这个巨大的 UFO 追随日航货机近 50 分钟,行程 760 公里,最后在抵达美国安克雷奇之前消失在茫茫夜空之中。

UFO 数度袭击莫斯科

1981 年 11 月 16 日晚上 8 点多钟，前苏联莫斯科市区东部的依兹玛伊公园的无线电工程师蔡伊特斯基和好些路人看见一架发光的圆形 UFO 从公园的树丛后面突然升起，飞行于夜空之中。

蔡伊特斯基等人听见树丛后面有妇女在狂喊："魔鬼降临了！"

妇人指着雪地上一个完整的雪溶圆形，显然是热力溶化的痕迹。她说："有一架飞碟降落在这里，飞碟门一开，走下来个怪物。它的头像是倒置的漏斗，两眼又大又圆，毫无表情，它的手只有四个指头。身体有四肢，像男子的身材，好像没穿衣服或者只穿紧身衣服。"

怪人听见妇人的呼叫，立即返回飞碟内，旋即腾空而去。

UFO 登陆莫斯科并非第一次。1981 年 4 月初的一天夜里，天还没有亮，大约 4 点多钟，住在一幢政府公寓的几个高级工程师、苏联国防部的官员和一位医生，早起准备上班，在他们各自的房间和浴室里都看见天空列队飞行的 4 架学发光的飞碟。

莫斯科大学物理学教授齐高率领 20 位科学家调查了这一报告。他说上述目击证人都有身份地位，也非常可靠，并非捏造。

证人述说 4 架飞碟都有透明的塔形驾驶舱，可以看见里面驾驶员的肩部以上，4 个驾驶员都是人类形状，头戴透明的太空盔，面部严肃。飞碟低飞掠过窗外，毫无声音。每架飞碟都向地面射出一道绿色的光。

1981 年 8 月 23 日晚上，莫斯科的退休医生博加特列夫，因失眠起

来到厨房喝牛奶，突然看见窗外出现一个奇怪形状的像面团一般的发光的飞碟，浮悬在距他寓所仅约 30 米的空中。

医生吓了一跳，仔细一看，更吃惊了，那飞碟好像有眼睛一样地对他注视。突然，UFO 向他射击一道闪电般的光芒，将窗户烧了一个直径约 8 厘米的洞。玻璃圆片掉在地上，洞口十分光滑。

那天夜里，莫斯科有六十多家的窗户被神奇的力量射熔了 3 个约 8 厘米的圆洞。博加特列夫是唯一目击飞碟如何袭击窗户玻璃的证人。

太空物理学家艾沙沙博士带领一批科学家调查后向当局报告："当夜至少有 17 架飞碟袭击莫斯科。"艾沙沙博士访问了很多证人，各人叙述如下：

当夜 7 点 12 分，首批飞碟出现在莫斯科上空——是两架雪茄状太空船，长达数千米，停在约 10 英里的高空，两船并排，20 分钟后飞向北方。

9 点 20 分，许多人看见一架大小如半个月亮、白色发光的圆形飞碟。

著名的前苏联太空学家史尼博士也报告说："当夜他看见一个飞碟，飞行速度估计每秒 50 英里。不久，他又看见第二架飞碟，状如巨鲸，喷射出蓝色光芒，在上空盘旋了很久时间。玻璃被烧熔的情况，恰似 1977 年 9 月在彼得市发生的一样。"

前苏联的专家们研究不出到底是什么力量能使窗户玻璃的分子结构完全改变。

艾沙沙博士说："专家们都无法解释，这是一件不解的飞碟神秘事件。国营玻璃公司的专家们无法复制跟飞碟射熔的玻璃片一模一样的物品。"大批飞碟光临莫斯科，引起了政府的忧虑和科学家的关注，可到目前为止，还不知道这些飞碟是什么，来自何方，怎么对付……

1980 年 6 月 15 日午夜时分，飞碟出现在莫斯科上空时被一位科学

家拍摄了下来。对于这次飞碟的出现，齐高博士在调查报告中说："前后达40分钟之久，最后向东方飞去。至少有数千市民目击。飞碟的形状像球，直径约300米，后面拖着一条很长的光芒尾巴。它还多次吐出较小的子飞船，分散在空中。"

苏联军官卡雅坚中校在书面报告中说："从寓所的窗户看见大约一百米的空中出现一架小型飞碟，直径约12米，放射出浅红色光芒，飞得很慢。我想上前观察，但被一种无形的力量所阻止，像是碰在一面无形的墙壁上，被反弹了回来。"

中校的邻居看得更清楚，他报告说：看见飞碟上有一个矮小的人，身着太空服，头戴太空盔，坐在透明的飞碟驾驶圆顶内。

莫斯科国家电视公司的一位节目制作导演柯列斯夫报告说："一架飞碟在窗外出现，向室内射出光芒，把我妻子的手臂烧灼成伤。"

当夜，前苏联空军的喷气战斗机紧急升空迎战，但在飞机到达之前，飞碟突然高飞失踪。

前苏联地球物理学家左洛托夫博士说：月形的母船飞碟及子船群在数秒钟内东飞，一闪而逝。1981年5月15日晚上，飞碟再度威胁莫斯科，再次造成首都百万人的惊慌失措。这次，有数十万市民看见首都上空的飞碟，前苏联国家安全部部长兼克格勃负责人玉里安德洛普夫立刻下令调查。

克格勃派了5名高级人员率领5名顶尖科学家实地勘察，访问了二万五千多名目击者和数十位科学家，调查报告列入最高机密。

专案调查小组成员之一的齐高博士后来透露了部分内容。

他说："5月15日凌晨1点27分，一架巨大的圆球形不明飞行物体出现在莫斯科以南100英里的土拉镇，1点30分，该飞行物飞临莫斯科市区上空，3分钟内飞行了100多英里，可见速度极快。"

前苏联外太空研究主任委员艾沙沙也透露说："这个巨大的球形不明飞行物飞临莫斯科近郊某机场，并在其上空停留约半小时，空军喷气战斗机升空截击，但始终无法追上。飞碟一闪之间已飞临北郊，并在该处施放烟火似的光芒。"莫斯科的一位机构工程师拉颇钦报告说："我起先看见飞碟中央爆发一阵白色强烈闪光，后来变成巨大的橙色光芒，中心仍是白光。继之像流星花般的火点射向市区地面。这回母船放下了3架小飞碟，然后飞走了。"

"母船放出的第一架子飞船飞临克里姆林宫，第二架子飞船飞临莫斯科火车站。"艾沙沙博士也说："第二架飞船在火车站上空浮悬了两个小时，然后飞到附近的一个湖面上，几秒钟后，它没入湖底。"

艾沙莎博士认为这次的飞碟可能是1980年6月15日那次来访问的飞碟，此次大概是再访。

除莫斯科之外，前苏联其他地方也出现了飞碟。

1980年6月14日，一架前苏联空军的喷气式战斗机在执行巡逻时遭遇到一架雪茄状的飞碟。空军基地的雷达也发现了它，并命令战斗机的驾驶员艾柏拉克辛前去截击或迫降。战斗机截住了飞碟，还未开火，对方先发制人，向他射击。射出的是扇形强光，喷气机的引擎立刻失灵，同时驾驶员双眼失明，盲目地操纵着飞机，滑行着陆。

1981年10月22日，前苏联空军上尉杜柏斯陀夫驾机在北极圈内的北冰洋上空巡逻，突然发现一架巨大的圆形飞碟，直径大约274米，正浮悬在低空，几乎贴着水面。上尉立刻电告基地，上级令他追踪飞碟。于是他向飞碟飞去，他绕着飞碟飞了半圈，飞碟立刻向他射出圆锥形的强烈光柱，飞机的引擎和所有仪器立马失灵，飞机急速下降，而那架巨大的飞行物也突然加速，无声地从飞机旁一掠而过，旋即直升高空，瞬间消失得无影无踪，只留下一条蓝色的喷气。

上尉好不容易才把失灵的飞机驾回基地，向上级报告经过，地勤人员检测机件，无法查出让仪器失灵损坏的力量是什么射线。

齐高教授说："北极圈内出现飞碟是常见之事，外太空飞来的不明飞行物，多数先进入北极圈，以逐渐进入地球的磁场。飞碟离开地球时，也从北极出发，以便解脱地球的磁场吸力。在我们的档案里，还有数百件北极发现飞碟的报告。"

艾沙沙博士说："北极圈前苏联的领海内，在过去的5年里已出现过36次飞碟事件，其中许多报告看到飞行物体出没于北冰洋冰冻的海水之中。在日本海和前苏联沿海出现的飞碟更多，在过去的7年里达190件，大多出没于海水与天空，经查证完全属实。"

1980年8月16日子夜2时许，苏联海军窝罗比耶夫号运输舰在海参崴外海航行时，突然发现日本海上出现飞碟，舰长彼得洛夫上校向海军基地报告称：日本海上出现灰色金属光泽的不明飞行物体。他的报告书长达160页，记述了6次见到飞碟的情形。

他说有两次见到大约有180米长的圆筒形母船，它放出小型飞碟潜入海里，又有回航的小飞碟飞进巨筒的口内，这架巨型圆筒没有窗洞。

有一次，由水中飞出来一架9米长的圆筒，飞到他的舰舷外15米处，好像是在侦察。

他和全体船员都在报告书上签了名。艾沙沙博士曾对外承认有这份报告。艾沙沙说："相信来自外太空的飞碟已经在北冰洋和日本海分别建立了海底基地。有一次，一艘前苏联轮船在雾中迷失了方向，后来有一架飞碟出来领航，带它安全通过了波涛汹涌的鞑靼海峡，时间长达36分钟。"

艾沙沙博士等科学家调查的飞碟事件中，有一件是外太空人或其

机器人下落的。

1980年1月7日下午，两名前苏联林场管理员在苏联与芬兰交界的山林中巡查，突然看见一架银光闪闪的球形飞行物体浮悬在积着白雪的山坡上空，它没有窗洞，没有门，也没有接缝。这两名林场管理员一个是38岁的艾柯，一个是36岁的沙维，他们熟悉山林的情况和各种景象，他们从未见到过这样的东西。正在猜疑着，圆球着陆了，从底部伸出一支圆支柱，竖立在雪地上。

后来，圆柱开了门，走出一个0.9米高的人，全身穿着深绿色紧身衣服，闪闪发光，没戴太空盔，手戴白手套，一直到肘部。他的面部皮肤惨白可怕，鼻子像鹰钩，耳朵竖起像尖桃，很像狼狗的耳朵，肩部很窄，两手很小，跟小孩的手差不多。这人面无表情，行动不太灵活，不像是活人，倒像是机器人，颈上挂着一架好像是单筒望远镜的东西。

两个山林管理员大骇。沙维举起雪橇反指着向他们走来的怪人，两个人慢慢后退，怪人突然取下挂在颈上的圆筒向他们一指，射出一束强光，把两人的眼睛照盲了，两人躲闪不及，失去了知觉。等他们苏醒过来，视力恢复了，那怪人已经失踪，那巨大的金属球已经飞上高空，消失在一团红光云雾中。

据当地医生柯索拉诊断说："两人是被辐射所害。"

两人跟医生叙述了经过，医生报告了当局，艾沙沙博士等赶来访问，认为两人讲的是实情，这一件外太空飞碟与机器人的降临确实发生在一处山林雪地，地名叫克斯坦加，位于彼得市西北百余里。

前苏联对飞碟的关注远比美国要认真，因为苏联疑心那些飞碟是来袭击它的，而且更怀疑是美国放出的秘密太空侦察武器，而不是什么外太空的来客。

UFO并没有放过中国

在中国,全国各地均有关于不明飞行物即 UFO 的报道。

1981 年 7 月 24 日晚 10 点 40 分左右,中国的西南、西北、华中、华南广大地区数千万群众都目击到一起形状如盘香的螺旋形 UFO。据中国 UFO 研究协会(12URO)统计,在事件发生后的短短 3 个月中,共有新华社、《人民日报》社在内的 38 家新闻单位(包括港报 3 家)、3 家刊物登载、广播有关这次 UFO 事件的文章稿件约 70 篇。CURO 及各地分会共收到千余份目击报告。目击者有航天航空科技人员、报社记者、解放军指战员、高校师生、工程师、天文爱好者以及广大工人、农民和 CURO 的会员,目击者遍布 13 个省 205 个县市。

四川省甘孜州科委在 1981 年 7 月 27 日上报国家科委的第十期工作简报中说:"7·24"不明飞行物出现前,该州蒙县电厂无故停电,变压器、地震前兆仪无故损坏。四川省茂汶县杨钒说,螺旋 UFO 出现时,全县电灯突然变暗、熄灭,UFO 过后即恢复,还有不少地方报告,"7·24"UFO 出现或前或后,当地突然出现暴雨、大风等等。UFO 犹如一个闪烁着蓝、白相间的光环,光环的中心呈现鲜明的蓝白色。使用望远镜的目击者说:UFO 核部"呈蝶状"、"呈龙状",UFO 上有一排窗口;还有约 20 份报告说,"7·24"UFO 在运行过程中曾有过悬停或转向、变速的运动。

"7·24"UFO 是唯一被我国作为 UFO、"飞碟"正式予以报道的国内事件。美国加利福尼亚州某 LIFO 研究机构负责人提醒人们:"在地球两

侧,中国的西藏和美国加利福尼亚同一天观察到特征相同的'飞碟',这显示了值得注意的相互关系"。

CURO 会员成都地质学院的龚如义撰文指出:我们不能孤立地只着眼于"7.24"UFO 这一事件,也不能孤立地考察螺旋 UFO 这一类事件。

1982 年 6 月 18 日晚 10 时左右,我国内蒙古、黑龙江、吉林、辽宁、河北、山东、江苏、安徽等省城成千上万的人目击到北方天空一个巨大的不明发光圆环。黑龙江北部不少人看到"圆球"呈螺旋形结构。黑龙江省杜尔伯特蒙古族自治县的郑德春成功地拍摄了照片,据同时目击者王万友、陈正官、周淑云描述,发光体类似圆月,正中有一光点格外明亮,肉眼观察到发光体似乎始终在旋转,光圈由核心向外扩散,逐渐增大,光圈始终是圆形。

1984 年 4 月 7 日、9 日、11 日、13 日,东北许多地区在晚上 9 点 45 分左右又连续几次观察到与"6·18"事件几乎完全一样的不明发光飞行物。据首都机场赵雪正调查,1984 年 4 月 13 日在从旧金山—上海—北京班机的飞行中,看到不明发光物的中国民航 982 航班报务员说:"(发光物)中间有亮点,旁边呈雾状,而且一圈圈扩大,扩大时简直像原子弹爆炸一样。"机长钱英明形容发光体就像电影中拍摄镜头掠过太阳时产生的光环一样。

UFO跟踪地球飞机

    飞碟到底有没有？人们一直围绕这个问题争论不休。许多人认为飞碟是不存在的，然而，一些神奇的不明飞行物跟踪人类飞机的事情却时有发生，这又是怎么一回事呢？

    1973年10月18日，一架编号为"68—15444"的军用直升机正朝着美国的曼斯菲尔德飞去。13时05分，它到达了曼斯菲尔德机场东南方向800米的高空处，它的飞行角度已经变为30度。这时候，罗伯特·亚纳塞克中士看见飞行航线东侧90度的平线上方有一道红光。30秒钟后，亚纳塞克发现了一个发光体，它上升到跟飞机相同的高度，以超过飞机航行的速度向他们飞来。这时候机长劳伦斯·科恩也看到了这个物体，看样子，一场可怕的飞机碰撞事件即将发生，无奈之下，机长只好紧推操纵杆，使飞机急速下降到550米高度，以避开疾飞而来的怪物。与此同时，他向曼斯菲尔德机场指挥塔发出呼叫，希望机场能够帮助他们。

    塔台没有回答。机上人员眼看着飞机要撞上不明飞行物了，这种景象是非常惨烈的，所有的人都以为他们也许就要在这里丧生了。就在这个关键时刻，迎面而来的发光体似乎犹豫了一下，随即降低速度，朝西飞去，最后拐了45度，改向西北方高速飞去。这下，科恩机长松了口气，于是他又回升到800米高度，返回克里夫兰。

    这件事情用不着任何科学解释，就使人们很自然地想起了两个

字——飞碟。不过,美国最著名的飞碟否定论者菲利普斯·克拉斯还是在他于 1975 年出版的《得到解释的 UFO》一书中,把科恩案件说成是大惊小怪,他说 4 名飞行员见到的只不过是一颗巨大的陨石而已。当然,这种说法太容易被反驳回去了,因为很显然,陨石是不可能自行拐弯的。一颗耀眼的陨石突然出现时,它的轨迹几乎是直线,我们见到的时间也顶多只有 1 分钟。

实际上,飞碟跟踪飞机的事件已经发生了数十起,其中有一起甚至是跟踪美国军用飞机。这件事情发生在 1957 年 7 月 17 日清晨,当时,美国一架"RB—47"型飞机从得克萨斯州托皮卡附近的福布斯空军基地起飞。这次飞行的任务主要是要在得克萨斯湾上空进行射击训练和在海面上空的进行航空练习,并且要根据预定在美国中南部上空返航时对无线电对抗电子设备进行检测。

6 名军官组成了这驾"RB—47"型喷气式飞机的机组人员,其中有 3 名电子专家在飞机尾部操纵着无线电对抗电子仪器。

那天的天气晴朗,空中万里无云,高气压一直延伸到高空的对流层。在飞机的航线上没有骤雨,也没有雷电,一切都很正常。当他们完成了在得克萨斯湾上空的飞行训练后,机长蔡斯把航向对准了密西西比州海岸。此时飞行的高度是 10500 米,飞行速度是 0.75 马赫。转眼间,飞机越过了海岸和附近的格尔夫波特市。按照飞行计划规定,在梅里迪安和杰克逊(密西西比州)附近,飞机应该向西拐弯,进行预定中的训练。机组人员一一照办,可是就在这个时候,坐在驾驶员位置上的蔡斯上校突然看见一道光,起初他还以为是另一架高速飞行 11 时区的喷气式飞机的着陆灯。这道光比"RB—47"型飞机稍稍高一点。上校提醒麦克伊德注意前方的光线,同时指出,光线处没有任何飞行器的灯光。当那股淡蓝色的强光继续前进时,上校通过向机组人员发出警报,命令全体人员做

好突然偏航避免碰撞的一切准备。当时是格林威治时间 10 时 10 分，"RB—47"型飞机拐弯 265 度，飞机速度是 0.75 马赫，飞行高度是 10500米。

就在他们准备偏航的时候，一件怪事发生了，那个发光体改换了方向，以某种角度横插他们飞机的航线中心线，从飞机的左方一下子"跳到"了右侧。速度之快令有 20 多年飞行生涯的蔡斯诧异不已。假如它不是飞碟的话，那它又是什么呢?人类研制出来的各种飞行器的速度根本无法与它比拟。

在精密仪器的监视下，那个发光体仍然在飞机的周围逗留着，似乎是在观察和研究人类的飞行物，直至几分钟后才消失。

毫无疑问，这一现象除了遭遇飞碟之外得不到更合理的解释。

神秘麦田

1987 年在英国 Whitepa Rish 大麦田,出现了一个圆状痕。此同心圆的神秘痕直径为 15.38 米,两圆距离为 2.68 米,圆周伤痕宽为 1.18 米。内圆圈之漩涡为顺时针方向,外圆圈为反时针。这是个典型的圆状痕,也因这些圆状痕连续在英国出现,而成立了专门研究的组织,使得英国的神秘圆状痕闻名于世。

在过去的几十年中,已有好几百个此类型的圆状、环状、螺旋状及其他形状的作物圆状圈图形,都是在英国三个地方所连成的三角区域内,一般人称之为"威尔特(郡)三角",而此区域也靠近英国巨石文明遗迹,因此有人曾由此联想到"百慕大三角"。

到了 20 世纪五六十年代左右才有圆状痕正式报告出现,但也没有详细记载及照片,只有农人及附近居民的证词。

1966 年 1 月 19 日,澳洲的昆士兰州北部农村发生了 UFO 遭遇事件,事件之后在草地上发现了顺时针方向的圆状痕,顿时引起世界科学家们的注意,这应该是最早被研究的案例。此后,在世界各地都发生过类似事件,包括美国、加拿大、英国、法国、新西兰、前苏联、瑞士等,最近在日本也发现多起。

根据英国圆状痕研究团体与阿林·安德鲁的研究,这些圆状痕事实上有一定的几何规则,有单圆、同心圆、椭圆、大小二圆组、三圆组、五圆组、多重同心圆组等,更有趣的还有男女性别符号组。

而无论是发生在那一国家的小麦、玉米、大麦旱田或是稻田、草地者,这种神秘的环状痕都有下列特征:

(1) 农作物依一定方向倾倒成规则的螺旋或直线状,但作物外观完好,丝毫没有受损痕迹,而谷物倾倒方向,大致有十多种形态。

(2)附近找不到任何人、动物或机械到过所留下的痕迹或是印痕。

(3)作物倾倒程度都与地面齐平,有些在最中心处有一二根作物直立,或呈现金字塔形。

(4)整体外观非常整齐,没有零乱感。

(5)事件都发生在晚上,没有人亲眼目睹圆状痕的生成。

(6)在事件发生晚上,附近都曾出现不明亮点或是爆炸声样的声音。

(7)正中央部位都有异状物质,有些具微量放射线,有些不太清楚真正成分。

1985 年发生在英国的圆状痕,正中央有白色发光胶体物质,经 SURRY 大学及 ALBURY 研究所分析结果,只知道含有淀粉及钙质,其他则不明。

一如世界其他不可思议的事迹一样,圆状痕的出现曾引起全世界科学家、UFO 研究家的兴趣,但可惜的是,大多数人都没有详细探讨,而在仅知道事件皮毛之后,马上以主观科学常识下定论。事实上圆状痕生成的可能原因有:

(1)人为的恶作剧。

这是大多数人的想法,以恶作剧创作乐趣是一些人的喜好,但这可不可能呢?

英国研究团体曾进行几项实验,首先他们集合了 50 位壮丁拉成圆圈,然后依同一方向以双脚踏作物,结果是留下满地的痕迹,而且也无法形成如此整洁的圆状痕迹。

后来研究人员在地面上立一根棒子作为中心点,再绑以绳子,绳子一端附近系上重的金属锥子,再以画圆圈方式移动重锥,使作物倒伏,结果发现,要 150 公斤以上的重锥才能使全部作物倒下,但所有作物都受到明显伤害,地面也留下人为痕迹。所以圆状痕若是人为恶作剧的话,那么这些人一定是具有超能力的"超人"了。

英国的电子工程师柯林·安德鲁,研究这些神秘图形已有多年,他认为这种现象无法以现今之物理学及科学常识来解释,因为这些图形的线条极为利落、规则,因此他相信可能是某种高等生物的杰作,也不排除是外星人故意留下的讯息。

安德鲁曾在 1991 年和一些研究人员在"威尔特三角"的中心地区设置了照相机和感应器,而希望借此能解开事情的奥秘。

在 1991 年 8 月的某一天晚上,感应器上出现了一连串的闪光讯号。第二天早上,麦田果然出现了好几个圆状圈。经过详细研究调查后发现,原来那只是人们的恶作剧,因为他们架设在现场的红外线照相机感应到人的体温,而证实了进行恶作剧的人故意践踏作物以造成圆状图形。

但是安德鲁并不因此而放弃研究,他认为在英国境内所发现的圆状圈绝对不是人为的,他坚持此项研究,也出版了几本相关书籍。

(2)大自然力。

这是大多数科学研究人员的结论,许多研究气象的人员并一直深信这是特殊自然力所造成的结果。

大自然力的力场来源可假设来自地下及空中,地下的自然力又可分为重力、结晶物质的加压电力、高压气体、金属的电位差、岩石变动的物理性压力、离心力、潮湿作用力、火山压力以及地下蒸气压等。而来自空中的自然力则有雷、风、太阳能、地磁气、温度变化、静电气等。其中风

力一项曾经过气象人员的研究,风力的确会使小麦田倾倒成一定痕迹,但要成为正圆则需要在实验室控制风力下才有可能,而且对于同心圆及其他有规则的几何图形则几乎是不可能达成。

到目前为止,科学家只能以自然力加以说明(不是证明),这只是可能原因之一而已。

一位叫做马丹的研究人员相信这些圆状圈可能是圆柱形旋转的气流所造成的。

但是,到目前为止马丹并没有亲眼目睹此类涡流旋风出现过,但是他认为这与"想要在车祸发生的瞬间立刻拍下镜头一样困难",因为要那样则必须守候在发生的地点,并且在事情发生前就开启照相机。

马丹认为相信圆状圈是与飞碟有关的人,反而给予喜爱恶作剧的人有机可乘,这也就是为什么全世界的科学家都不愿意正视此一问题的原因之一。

(3)病毒引起。

某些生物学家认为这是作物感染某种病所引起的倒伏现象,但至目前为止的文献资料,引致作物病毒的滤过性病毒中,并没有造成作物以规则性几何图形倒伏的例子。

(4)UFO降落痕迹或来自宇宙的信息。

这是研究飞碟人员的结论,目前也只能以飞碟观点来说明。亦无法证明。英国研究神秘圆状痕的人员曾经大胆假设这是UFO降落后所留下的痕迹,根据他们的研究,推想出三种造成圆状痕迹的UFO形状。但是,若说是UFO着陆后痕迹,却又与世界各地的所谓"典型UFO着陆痕迹"有几点不同:

①在圆状痕发现的前后时刻,该地区从没有UFO着陆的目击者。

②现场除了作物倒压外,周围作物与土地并没有烧焦痕迹,也极少

发现有"着击脚的压痕",亦即没有物理及化学变化。

　　③圆状呈规则的几何痕迹,而其他 UFO"着陆痕"则没有。

　　这种神秘的圆状痕已出现在世界许多国家,有些认为这是某些事情的预告,如外星人将来临、世界末日等等,也有些人斥为无稽之谈。

UFO 类型

　　美国空军曾对飞碟进行研究，名日"蓝皮书计划"，研究过来自世界各地约1300件的目击报告，内容非常丰富。但这个计划研究了22年，终于无疾而终，也没有进一步结果公诸世人，只有一些类似于阿根廷国家日报的分析报告，全是敷衍草率的说法，留下许多无法解释的谜团。

　　不过，我们可以根据目击者所看到的飞碟，以大小来分类，有由小型迷你型飞碟到大型飞碟等各种形状。飞碟如果是外星人所乘坐的飞行器的话，那么可能依照用途的不同，而有各种形状、大小的分别。依照目击案例可由大小分类如下：

　　(1)超小型无人探测机：直径30厘米左右较多。大的飞碟可飞进房屋内，在标准大小UFO出现前先发现此大小飞碟的情况居多，通常为球形或圆盘形。

　　在马来西亚也曾发现迷你型UFO载有体型小的外星人的报道，所以也不能断定迷你型UFO为无人探测机。

　　(2)小型侦察机：直径在50米左右，曾有人目击到此大小的飞碟着陆，并由飞碟中走出外星人，外星人并在降落周围进行各项调查。

　　(3)标准型联络船：直径在710米以上，以圆盘形较多，是最常见的UFO，可能是与外太空及地面调查的飞碟互相联络用。地球人被绑架到飞碟的事件，也几乎都是此型飞碟的杰作。

　　(4)大型母船：直径由几百公尺到几千公尺以上大小的飞碟。以圆筒

型及圆盘型居多。由几千公尺到 12 万米高度被看到的情况较多,降落在地面的目击案例则没有。

由于有许多目击者指出,有小型或标准型的 UFO 飞进或飞出,因此,此大小的飞碟被认为可能是飞碟的大型母船。

例如,在法国首都巴黎西北 65 公里处,坐落在厄尔省的一个著名的小镇叫韦尔农。这是一个引人注目的市镇,一个军事研究中心就设在这里,专门研究弹道学和空气动力学。因此,该市镇有一批重要的军官和科技人员。

8 月 22 日至 23 日,巴黎地区天空晴朗,能见度极佳。破晓之前,月光如水,万籁俱寂。深夜一点左右,贝尔纳·米塞莱返回家中,将汽车安放妥当。当韦尔农市这位商人走出位于塞纳河岸的自家车库时,吃惊地看到一个淡色的物发光体,把刚才沉睡在灰暗之中的市镇照亮了。他看到空中有一个十分巨大的发光体静静地悬停在城市上方,它毫无动静。看上去它的位置在塞纳河北岸,离地面约 300 米,其形状很像一支垂直庞大的雪茄烟。

米塞莱先生对调查人员说:"我静观了这令人吃惊的情景,突然,从雪茄状物体下端蹦出一个盘子一样的发光体来,它成水平状,开始自由向下坠落,片刻间减慢速度。可是不一会儿,它又摇晃了一下,然后沿水平线越过塞纳河,高速向我飞来,这时它变得极为明亮。在很短几秒钟显得还是个盘状物,它周围有一层十分耀眼的光芒。"

"这个盘状物高速从我身后飞过，消失在西南方向。数分钟后，第二个发光体从雪茄状发光体下端飞出，它的形状、大小、发光程度以及运行方式同第一个完全一样。第三个又重复了前二个的动作，接着又出现了第四个。在相隔一段较长的时间后，雪茄状发光物上跳出第五个盘状物。那直立着的巨大雪茄始终没有动静。第五个盘状物向地面降得比前面四个都低，几乎贴近了塞纳河上的新建的桥。它在桥上方悬停片刻，然后微微倾斜。这时极其清楚地看到了它的圆盘头。它呈红色，中间的红光较强，四周边沿较弱。它周围的光晕十分炽烈。悬停了一会儿后，圆盘开始像头四个发光体那样左右摇晃起来，转眼间就达到惊人的速度，犹如箭一样消失在北方远空。奇怪的是雪茄状发光体这时熄灭了。长达100米的庞大物体隐没在黑暗之中不见去向。整个过程共持续了45分钟。"

翌日，米塞莱先生来到警察局报告他在夜里的目击经过。警方告诉他，有两位正在巡逻的警察在夜里1点30分前后也看到了这个现象。另外，军队实验室的一位工程师昨夜同一时间里驱车在韦尔农市西南郊第181号国家公路上行驶时，也目睹了不明飞行物。

这四个目击者素不相识，分别报告警方，但各人的叙述是那么相似。他们不想扬名，只有米塞莱一人同意报道事情经过。新闻记者采取了种种不正常的手段找到了那位工程师，但都吃了闭门羹。

事实上同类案例不胜枚举。1952年12月6日美国空军的B-26式飞机的一个机组成员在墨西哥湾上空看到了一个同韦尔农现象正好相同的不明飞行物案例：那天清晨5时25分，机组人员发现，雷达荧光屏上突然出现了一艘巨型宇宙飞船的图像，只见有五个UFO立即急速飞向那艘飞船，其速度和准确度是无与伦比的。雷达跟踪UFO，十分清楚地显示了UFO进入巨大的飞船，后者顿时加速，以每小时14500公里的

速度,转眼之间就从雷达荧光屏上消失了。

UFO 进入一个速度大大超过每小时 8000 公里的宇宙飞船,这表明 UFO 乘员有极其准确的操作技能,同时也说明了 UFO 与飞船之间臻善的同步性。

相信飞碟是一种飞行器的人把这两个例子视为有力的证据,表明存在着庞大的"飞碟母舰",它们能够容纳和运载 5 架小飞碟。

1952 年 10 月发生的加那克事件和奥洛隆事件更能说明这一点。在那两次飞碟案中,人们看到了飞碟离开和返回母舰的全过程。1952 年 10 月 17 日至 27 日,仅仅 10 天之隔,法国西部两个城市的居民长时间地观察到一个又长又窄的巨大飞行物,周围有许多小的飞行物,两地目击者的描绘是那样的雷同,简直叫人不敢相信。

1954 年 9 月 14 日白天,巴黎西南 350 公里外大西洋沿岸的旺代省五六个村子里的数百名群众也目睹了 UFO 离开母舰和返回母舰的全过程。大部分目击者是农民,少数几个是神父和小学教员。

若依外形来区分的话,则飞碟至少可分为十种,但为何有这么多形状的原因则尚未明了。代表性的飞碟形状,依目击者的证词,UFO 的形状虽有各式各样,但看到完全相同形状的例子则几乎是没有。

此外,在我国及世界其他地区曾发现过螺旋形的 UFO。如前文提到的中国"7.24"螺旋形 UFO 事件,以及 1963 年 11 月 27 日,在西非海域,三艘国际商船的船员目击到一个螺旋形不明飞行物,与"7.24"一类螺旋形 UFO 无异。

除了上述形状的以外,还有类似直升机形的飞碟。最近并有云状 UFO 或发光体形 UFO 在世界各地出现,假如 UFO 是外星人飞行器的话,那么此形状的飞碟应是最适合宇宙飞行的。

理想的 UFO 基地

许多飞碟研究者认为，如果外星人在地球上有飞碟基地的话，那么，除去海洋之外，戈壁沙漠是外星人飞碟的理想基地。法国著名飞碟学家亨利·迪朗在《外星人的足迹》中曾经说过："大量的事实表明，戈壁沙漠和天山山脉，茫茫乎人烟绝迹，都是飞碟降落的好地方。一群德国学生和去内蒙古的许多旅游者都曾击目击过飞碟在那里频繁降落。可以肯定，戈壁滩是飞碟的一个理想的基地。"

事实也确实如此，在中国内蒙古和新疆的茫茫戈壁上空，经常有飞碟出没，当地人已习以为常。

1979 年 9 月 20 日前后一个晚上深夜 1 时许，新疆某农场技术员在外乘凉，偶然发现天空有一个状如满月的橘红色飞行物，比月亮稍小，边缘十分整齐，飞速极快，两三分钟后消失在西方地平线。它不是飞机，飞机不会无声无息，形状也相差太多；也不可能是气球，气球不可能有超过音速若干倍的速度。且当晚刮西南微风，气球也不会逆风飞行。这个农场离"死亡之海"的塔克拉玛干大沙漠仅几十公里。

人们在戈壁周围的奇台、阿勒泰地区都曾多次发现不明飞行物，这证明，在中国的西北沙漠地区，确实常有 UFO 出没。

UFO 也常光顾非洲的撒哈拉大沙漠。已故著名女作家三毛，在撒哈拉沙漠就曾两次目击 UFO。为此，她多次在电视上作证，证明的确存在 UFO。

从大量的飞碟着陆案可以看出，外星人降临地球的主要目的是对

地球的一切进行全面考察和采集各种标本,他们常常对地球人是主动回避的,他们还不想与地球人公开交往。鉴于此,如果他们真要在地球上建立永久性基地的话,占地球表面约 70% 的广袤水域正是最理想不过的地方。

在不少的飞碟案中,人们都曾看见过飞碟从海洋中飞出或从高空直接钻入海中。

在世界的各个海域都有飞碟出没,其中飞碟出现最为频繁的当数百慕大三角区,这已是世人悉知的常识。许多军用和民航机的驾驶员,海军和民船的水手、渔民以及记者、研究人员都在这里的海域或空中目击过各种各样的飞碟。在百慕大地区,不仅已有数以百计的各种飞机、船舰,在状态极为良好的情况下,眨眼之间不留痕迹地消失得无影无踪。而且美国肯尼迪角发射的三枚带弹头的火箭也莫名其妙地掉进了百慕大三角海区,可是谁也测不出火箭坠落的精确位置,自然也就无法打捞。

在百慕大三角区水下,人们已经发现了不少的人工建筑和两座巨大的金字塔,显然不是生活在地球陆地上的人们所为。在这个水域,除了有所谓的"幽灵潜艇"出没之外,人们还发现过一些没法解释的东西。

如 1996 年 9 月,一个名叫马丁·梅拉克的探宝者在离佛罗里达海岸数公里的 12 米深的海水中看见停着一个形如火箭的东西。梅拉克立即向军队作了报告。9 月 27 日,梅拉克陪同两名海军潜水员,再次来到那里成功地找到了那个物体,并把它送到美国海军部。可是,就连美国最优秀的专家们也不知道那是什么东西,显然不是地球人建造的。

百慕大三角区出现的飞碟实在太频繁,以致生活在其周围广大地区的居民都见怪不怪,习以为常了。而这里又常有飞机、船只莫名其妙地失踪,人们自然将这一系列的失踪事件与飞碟联系了起来。

一些飞碟专家经过长期的分析研究后终于得出了这样的结论: 如果说广阔的海洋是外星人在地球上理想的基地的话,那百慕大三角区可能就是他们基地的总部。

UFO着陆之谜

　　这个世界上存在着不明飞行物，这个观念早已不是神话和科幻故事了，而且越来越多的人相信这一点。每年在许多国家都有一定数量关于发现"UFO"的报告，人们往往能看到一些奇怪的神秘飞行物在头顶飞行，有很多人还拍摄了照片。当然，通过技术检验，有相当一部分的报告和照片是假的，或是幻觉造成的。有很多人把探测用的气象气球、飞艇和云彩误认为是飞碟，还有一些人为了出名而编造一些看到飞碟的故事。科学家们不相信他们，因为他们没有提供确实的能证明飞碟存在的东西，光是嘴上说"有"，是没有用的。

　　但是也有一些事实使科学家们不得不相信不明飞行物的存在。那就是在世界的有些地方，人们发现了许多很奇怪的痕迹，这些痕迹不仅形状怪异，而且还有很多不可思议的神奇现象。

　　1973年，在美国洛杉矶附近，有两位17岁的中学生发现了着陆的飞碟。当时，他们正在穿过一片小树林到一片空地上去玩。那时正是黄昏，太阳已经下山了，树林里光线比较暗，很快就能看到月亮了。突然，他们看到空地上有个东西停在那里，他们用手电照了照，那个灰色的东西立刻发出了一种金属撞击的声音，而且开始发出红色的光。同时，这个怪物垂直上升了一米多，四周闪烁着绿色的光彩，并且越来越快地像陀螺一样旋转了起来。旋转的速度很快，红色的光芒一明一暗地闪动着，然后就很快地飞走了。

184

　　美国研究飞碟的一位专家很快就来到了那片空地，向那两个中学生问清情况以后，他又仔细地检查了地面上的痕迹。他发现场地上留下了三个方形的小洞，边长和深度都是 15 厘米，而且三个洞连在一起是一个等腰三角形。空地上有一圈杂草看上去明显发黄，而且朝着逆时针的方向倒着，地面上的泥土变得又干又硬，地上的洞得是一个很重很重的东西才能压得出来的。

　　在德国，也有过关于不明飞行物留下神秘痕迹的报告。那是在 1974 年 5 月里的一天，一位德国科学家正在中部地区进行考古研究，可是在他工作的时候，偶然之中却发现草地上有一块圆形的痕迹。当时他感到很惊奇，猜不出那是什么东西留下的。于是他把他的指北针放进圈子里，结果奇怪的事情发生了，指北针没有像正常情况下那样指着北方，而是指向了相反的南方。他试了好几次都是这样。这位科学家觉得这块被烧过的土地很不寻常，就对那里进行了精确的测量，还照了相，取了土样。在取土样的时候，另一件让人想不到的怪事发生了，这块土地不再吸水。经过附近一个研究所后来的鉴定，这块土地曾经承受过高电压的作用，这里很可能是一个飞碟着陆点。

　　在意大利，也发现了一个不明飞行物的着陆痕迹。这是在 1977 年的 7 月 5 日，在一块 200 米左右高度的丘陵地上人们发现在一条小路上有一些奇怪的痕迹。这些痕迹一共是 8 个，内圈有 4 个，连起来形成了一个不规则的梯形；外圈也有 4 个，连起来也是一个不规则的梯形；这片土地看上去被一个非常沉重的东西压过。在这架不明飞行物着陆的时候，它没有碰倒或者压坏附近的每一棵树木。而且，它降落的场地选择得也很巧妙，在这块地方有电线、电话线和高压线从空中穿过，这使得空中飞行物在这里降落变得很困难。但是这个飞行物偏偏成功地着陆了，这说明它的动作相当准确，技术相当熟练。

　　不明飞行物留下的痕迹往往是圆形的,周围的草地有烧焦的迹象。这是不是真的飞碟的痕迹呢?似乎还不能确定。可是,这些痕迹中的一些奇异现象是确实存在的,于是,俄罗斯的科学家们组成了一个考察团,专门去调查和研究 UFO 的着陆地点。

　　他们来到一片古老而荒僻的山区,经过几年的详细调查,他们认为这是最有可能发现神秘痕迹的地区。在一条林中大道旁边 50 米的一片草地上,他们发现了一处 8 米长的圆形痕迹。科学家们立刻用仪器进行探测,结果发现圆形圈内有一种很强的磁场,并且发现圈内还含有一种对人体有害的放射性能量。在圈内进行的实验结果更令人震惊:在圆形内部,时间非常缓慢;而在圈外则明显加快,在离开痕迹 20 米以外的地方,时间完全正常。后来,他们又发现了 9 个这样的降落点,结果都跟第一个降落点一样。

　　这些科学家的考察并没有结束,两个小时以后,根据当地人的指

引,他们在山顶上又发现了一些痕迹。这些痕迹是八角形的,八角形以外的草高 100 厘米,可是八角形以内的草只有 20 厘米高。所有的这些降落点,都在连直升机也很难降落的山坡或山顶,显然不明飞行物不想被别人发现。翻过另一道山冈,在一片广阔的田野中,科学家们又找到了一块三角形的神秘痕迹。在这块痕迹上,有很多小小的支撑点,每一个长度和宽度分别是 90 厘米和 80 厘米,据测量,每一个支撑点上承受的压力均不小于几十吨。在这次考察的最后,科学家们发现了一架圆形发光的不明飞行物,它在低低地盘旋着,并向下方射出一股强大的光柱,大约一秒钟之后,它就消失了。

在俄罗斯的发现并不是不明飞行物着陆点的最大发现,在英国,20世纪 80 年代末期曾多次发现一种难以解释的现象,这种现象曾先后出现了两百次以上。英国的农业蓬勃发展,可是在一些长势喜人的农作物中,特别是沉甸甸的麦穗丛中,人们常会发现一个圆形的痕迹,是螺旋的形状,可以明显地看出是被什么卷起来的。在一片水稻田里,有时会无缘无故出现一个圆形的"水池","水池"外面还有两圈凹进去的圆圈,就好像是有一只巨大的轮子在地上重重地压了一下。在苏格兰,有一位牧羊人的羊全部奇怪地死亡了,看上去就好像是一个巨大的铁盘落下来把它们砸死的。

除了上面记述的一些神秘痕迹以外,全世界还有很多关于不明飞行物着陆点的报告。所有的报告都有一定的相似之处,即它们通常是圆形的,圈内的土地受到过重压,圈内的磁场和时间明显异常,而圈外则很正常。有的痕迹像是一个巨大的铁饼,而有的痕迹中则有很多支撑架的迹象。从已知的情况中分析,科学家们认为那极有可能是外星人的飞行器的痕迹,但这种说法目前还无法证实。这些神秘的痕迹究竟是什么呢,现在谁也说不清楚。